岩波講座　基礎数学

非線型楕円型方程式

監　修

小平邦彦

編　集

岩堀長慶
河田敬義
*藤田　宏
*小松彦三郎
田村一郎
服部晶夫
飯高　茂

岩波講座　基礎数学

解 析 学(II) vi

非線型楕円型方程式

増　田　久　弥

岩　波　書　店

目　　次

序　　文

数学的対象を考察する場合，1次方程式にのみ限っていては加・減・乗・除の段階にとどまってしまう．n次代数方程式又は連立1次方程式系へと対象を拡げていくのが自然である．さらに進んで，連立高次代数方程式系を考察するのは大切なことである．同様に考えると，1階線型常微分方程式にのみ，微分方程式の対象を限るわけにはいかない．連立高階非線型常微分方程式系を考察の対象にするのが自然である．このような考えを偏微分方程式についてあてはめていくと，結局，高階非線型偏微分方程式系に到達する．しかしながらここで考えなくてはいけないことは，一般化すれば，それだけ内容が貧弱となる可能性があるということである．そこで本講では，線型楕円型方程式を一般化した非線型楕円型方程式をとりあげた．特に，幾何学にあらわれる極小曲面の方程式と流体力学にあらわれる Navier-Stokes 方程式に簡単ではあるが触れてみた．これらの方程式は，非線型楕円型方程式の好例である．まず，空間内にあたえられた一つの閉曲線を縁として，石鹼膜を張れば，膜は表面張力により表面積が最小となるような形状を呈する．このような最小表面積の曲面がいわゆる極小曲面である．極小曲面の存在問題——Plateau 問題——は，T. Radó(1930年)，J. Douglas(1931年)，R. Courant(1937年)等によって完全に解決された．本講では，これらの人達の方法とは違って，極小曲面の方程式を非線型楕円型方程式の第1種境界値問題として考える．——このような立場は S. Bernstein(1910年)より始まる．この問題を Schauder の不動点定理を用いて解こう．次に，非圧縮性粘性流体の運動を表わす方程式である Navier-Stokes 方程式を考える．この方程式の解の存在を示すために，Leray-Schauder の写像度の理論を述べよう．実際，この理論を用いて，Leray(1933年)自身，Navier-Stokes 方程式の解の存在を示したのである．

極小曲面の方程式と Navier-Stokes 方程式に共通しているのは，どちらも解析的な非線型楕円型方程式であるということである．本講の最後に，D. Hilbert (1900年)によって提起され，本質的には I. G. Petrovskii(1939年)によって解決された解析性定理“解析的な非線型楕円型方程式系の解は解析的となる”を示そう．これによって，上に述べた二つの方程式の解は解析的となることがわかる．

本講を読むための予備知識として関数解析，線型楕円型方程式の基礎的事柄を仮定した．これらの事柄を付録でまとめ，読者の便宜を計った．

第1章　楕円型方程式

§1.1　定義と例

n 次元実 Euclid 空間 $\boldsymbol{R}^n$ の領域 Ω で定義された関数 $u(x)$ が，**Poisson 方程式**：

$$\triangle u = 0 \tag{1.1}$$

を満たすとき，u を**調和関数**という．ここで，$\triangle$ は，

$$\triangle = \frac{\partial^2}{\partial {x_1}^2} + \cdots + \frac{\partial^2}{\partial {x_n}^2}, \qquad x = (x_1, \cdots, x_n)$$

すなわち，ラプラシアンである．この方程式は楕円型方程式の典型的な例である．重調和方程式 $\triangle^2 u=0$ もよく知られた楕円型方程式の例である．これを拡張した高階楕円型方程式の定義をまず線型単独方程式の場合について述べよう．その前に，記号を導入する．非負整数を成分にもつ n 次元ベクトル $\alpha=(\alpha_1, \cdots, \alpha_n)$ に対して，

$$|\alpha| = \alpha_1 + \cdots + \alpha_n, \qquad D^\alpha = \left(\frac{\partial}{\partial x_1}\right)^{\alpha_1} \cdots \left(\frac{\partial}{\partial x_n}\right)^{\alpha_n}$$

とおく．また，$x=(x_1, \cdots, x_n)$ に対して，

$$x^\alpha = {x_1}^{\alpha_1} \cdots {x_n}^{\alpha_n}, \qquad |x| = \left(\sum_{j=1}^n {x_j}^2\right)^{1/2}$$

とおこう．

u を未知関数とした線型方程式

$$L(x, D)u \equiv \sum_{|\alpha| \leqq m} a_\alpha(x) D^\alpha u = f(x) \qquad (x \in \Omega) \tag{1.2}$$

を考える．この主部 $L^0(x, D)u$：

$$L^0(x, D)u = \sum_{|\alpha| = m} a_\alpha(x) D^\alpha u$$

の**特性多項式**：

$$P(x, \xi) = \sum_{|\alpha| = m} a_\alpha(x) \xi^\alpha \qquad (\xi \in \boldsymbol{R}^n)$$

が，$x=x_0$ において，

$$P(x_0, \xi) \neq 0 \qquad (0 \text{ でないすべての } \xi \in \boldsymbol{R}^n) \tag{1.3}$$

を満たすとき，方程式(1.2)は，‘点 x_0 で楕円型’であるという．考えている領域のすべての点で楕円型であるとき，単に‘楕円型’という．

(1.1)の主部の特性多項式は，$|\xi|^2=\xi_1{}^2+\cdots+\xi_n{}^2$ であるから，明らかに，条件(1.3)を満たす．故に，(1.1)は楕円型方程式である．

例 1.1　重調和方程式：

$$\triangle^2 u = 0$$

は楕円型方程式である．実際，特性多項式は，$|\xi|^4$ となるからである．——

単独方程式だけを考えるわけにはゆかない．例えば，正則関数 $f(z)=u(x,y)+iv(x,y)$ は，**Cauchy-Riemann 方程式**：

$$\frac{\partial u}{\partial x}-\frac{\partial v}{\partial y}=0, \qquad \frac{\partial u}{\partial y}+\frac{\partial v}{\partial x}=0 \tag{1.4}$$

を満たす．この方程式系は，楕円型方程式系の典型的な例である．これを拡張した楕円型方程式系の定義[1]を線型の場合について与えよう．

整数 s_j, t_j $(j=1,\cdots,N)$ が与えられているとする．ベクトル値関数 $u=(u^1,u^2,\cdots,u^N)$ を未知関数とする方程式系：

$$L_j(x,D)u \equiv \sum_{k=1}^{N} \sum_{|\alpha|\leqq s_j+t_k} a_{\alpha,k}{}^j(x) D^\alpha u^k = f_j(x) \qquad (j=1,\cdots,N) \tag{1.5}$$

を考える．(ただし，$s_j+t_k<0$ の場合，それに対応する項は0とする.) この主部：

$$L_j{}^0(x,D)u = \sum_{k=1}^{N} \sum_{|\alpha|=s_j+t_k} a_{\alpha,k}{}^j(x) D^\alpha u^k \qquad (j=1,\cdots,N) \tag{1.6}$$

の**特性多項式**[2]：

$$P(x,\xi) = \det\left(\sum_{|\alpha|=s_j+t_k} a_{\alpha,k}{}^j(x)\xi^\alpha\right) \qquad (\xi \in \boldsymbol{R}^n) \tag{1.7}$$

が，$x=x_0$ において，

$$P(x_0, \xi) \neq 0 \qquad (0 \text{ でないすべての } \xi \in \boldsymbol{R}^n) \tag{1.8}$$

を満たすとき，方程式系(1.5)を‘$x=x_0$ で楕円型’という．考えている領域のす

1) Douglis-Nirenberg (1955)による．

2) 行列 $\left(\sum_{|\alpha|=s_j+t_k} a_{\alpha,k}{}^j(x)\xi^\alpha\right)$ を**特性行列**という．

べての点で楕円型のとき，(1.5) を‘楕円型’という．なお，$s=\max_{1\leq j\leq N} s_j$ とおき，s_j の代りに s_j-s，t_j の代りに t_j+s としても同じであるから，

$$\max_{1\leqq j\leqq N} s_j=0, \quad t_j\geqq 0 \quad (j=1,\cdots,N) \tag{1.9}$$

と仮定してもよいことに注意する．

$N=2$，$s_1=s_2=0$，$t_1=t_2=1$ とすれば，Cauchy-Riemann 方程式 (1.4) の特性多項式は，

$$P(x,\xi)=\det\begin{bmatrix}\xi_1 & -\xi_2\\ \xi_2 & \xi_1\end{bmatrix}={\xi_1}^2+{\xi_2}^2$$

となる．故に，(1.4) は楕円型方程式系である．

$N=1$ の場合，$s_1=0$ である．$t_1=m$ とおくと，条件 (1.8) は (1.3) と一致することに注意する．すなわち，単独方程式 (1.2) についての最初の定義は，方程式系の定義の特別な場合となる．

例 1.2 偏微分方程式系

$$\begin{cases}\dfrac{\partial u^1}{\partial x_1}-\dfrac{\partial^2 u^2}{\partial {x_2}^2}=f_1(x),\\[2mm] \dfrac{\partial^2 u^1}{\partial {x_2}^2}+\dfrac{\partial u^1}{\partial x_2}+\dfrac{\partial^3 u^2}{\partial {x_1}^3}+\dfrac{\partial^2 u^2}{\partial {x_1}^2}=f_2(x)\end{cases} \tag{1.10}$$

を考える．f_1, f_2 は与えられた関数である．この特性行列は，

$$\begin{bmatrix}\xi_1 & -{\xi_2}^2\\ {\xi_2}^2 & {\xi_1}^3\end{bmatrix}$$

となり，特性多項式は ${\xi_1}^4+{\xi_2}^4$ となる．したがって (1.10) は楕円型方程式系である．――

また，特に，方程式系 (1.5) の係数 $a_{\alpha,k}{}^j(x)$ と f_j が $x=x_0$ で解析的であるとき，(1.5) を‘解析的 (線型) 楕円型方程式系’という．これは大切な方程式のクラスである．

方程式系 (1.5) を，さらに非線型方程式系に拡張しよう．整数 s_j, t_j $(j=1,\cdots,N)$ が (1.9) を満たすとする．$u^j\in C^{t_j}(\Omega)$ なる $u=(u^1,\cdots,u^N)$ が方程式系:

$$F_j(x,u^1,\cdots,u^N,\cdots,D^\alpha u^k,\cdots)=0 \qquad (j=1,\cdots,N) \tag{1.11}$$

を満たすとする．ここで，F_j の中にでてくる u^k の微分 $D^\alpha u^k$ の階数は高々 s_j+t_k ($s_j+t_k<0$ の場合は 0) である．$x=x_0\in\Omega$ を固定し，$\zeta_{k,\alpha}{}^0=D^\alpha u^k(x_0)$ とおく．

F_j は $x, \zeta_{k,\alpha}$ ($k=1, \cdots, N,\ |\alpha| \leqq s_j+t_k$) の関数であって F_j は $\zeta_{k,\alpha}=\zeta_{k,\alpha}{}^0$ の近傍で $\zeta_{k,\alpha}$ ($k=1, \cdots, N,\ |\alpha|=s_j+t_k$) について連続微分可能であると仮定し，

$$L_{jk}(x_0, D)v^k(x) = \sum_{|\alpha|=s_j+t_k} \frac{\partial F_j(x_0, \cdots, D^\alpha u^k(x_0), \cdots)}{\partial(D^\alpha u^k(x_0))} \cdot D^\alpha v^k(x) \tag{1.12}$$

と定める．$L_{jk}(x_0, D)$ は u に依存していることに注意する．そのために偏微分方程式のタイプも u に依存するのである．そこで，$v=(v^1, \cdots, v^N)$ を未知関数とした線型方程式系：

$$\sum_{k=1}^{N} L_{jk}(x_0, D)v^k = 0 \qquad (j=1, \cdots, N) \tag{1.13}$$

が線型楕円型方程式系となるとき，(1.11) を‘u に沿って $x=x_0$ で楕円型’であるという．考えている領域のすべての点で，u に沿って楕円型であるとき，単に‘u に沿って楕円型’であるという．すべての解に沿って楕円型であるとき，単に‘楕円型’という．(また，いちいち‘u に沿って’とことわらなくてもわかるときにも，単に楕円型と便宜上いおう.) 線型方程式系 (1.5) が (1.8) の意味で楕円型ならば，上の意味で楕円型，すなわち，(1.5) のすべての解に沿って楕円型となる．単独方程式：

$$F(x, u, \cdots, D^\alpha u, \cdots) = 0 \qquad (|\alpha| \leqq m)$$

が u に沿って楕円型であるとは，上の定義を $N=1,\ s_1=0,\ t_1=m$ としてみればわかる通り，

$$\sum_{|\alpha|=m} \frac{\partial F(x, \cdots, D^\alpha u, \cdots)}{\partial(D^\alpha u)} \cdot \xi^\alpha \neq 0 \tag{1.14}$$

がすべての 0 でない $\xi \in \boldsymbol{R}^n$ に対して成立することである．重要なクラスとしての解析的楕円型方程式系の定義を与えよう．$x, \zeta_{k,\alpha}$ の関数である $F_j(x, \cdots, \zeta_{k,\alpha}, \cdots)$ が $x=x_0,\ \zeta_{k,\alpha}=D^\alpha u^k(x_0)$ の近傍で，$x, \zeta_{k,\alpha}$ について解析的であるとき，u に沿って楕円型である方程式系 (1.11) は‘$x=x_0$ で解析的’という．考えている領域のすべての点で解析的のとき，単に‘解析的’という．例を幾つか示そう．

例 1.3 $f(t)$ を $\boldsymbol{R}^1$ 上の関数とする．このとき，方程式

$$\triangle u+f(u) = 0$$

は楕円型である．実際，(1.13) に対応する式は，$\triangle v=0$ となる．これは楕円型である．——

例 1.4 方程式

$$\frac{\partial^2 u}{\partial {x_1}^2}+u(x)\frac{\partial^2 u}{\partial {x_2}^2}=0$$

は，$u(x)>0$ なる解に沿って楕円型であるが $u(x)<0$ なる解に沿っては楕円型ではない．——

例 1.5 $\boldsymbol{R}^3$ の中の領域 Ω において定義された流体力学で大切な **Navier-Stokes 方程式**：

$$(1.15)\qquad \begin{cases} \triangle u^j+\displaystyle\sum_{k=1}^{3}u^k(x)\frac{\partial u^j}{\partial x_k}+\frac{\partial u^4}{\partial x_j}=0 & (j=1,2,3), \\ \displaystyle\sum_{j=1}^{3}\frac{\partial u^j}{\partial x_j}=0 \end{cases}$$

は解析的楕円型方程式系である．実際，$s_1=s_2=s_3=0$，$s_4=-1$，$t_1=t_2=t_3=2$，$t_4=1$ ととると，(1.13) に対応する式は，

$$\begin{cases} \triangle v^j+\dfrac{\partial v^4}{\partial x_j}=0 & (j=1,2,3), \\ \displaystyle\sum_{j=1}^{3}\frac{\partial v^j}{\partial x_j}=0 \end{cases}$$

となる．この方程式系の特性行列は，$\xi=(\xi_1,\xi_2,\xi_3)$ に対して

$$\begin{bmatrix} |\xi|^2 & 0 & 0 & \xi_1 \\ 0 & |\xi|^2 & 0 & \xi_2 \\ 0 & 0 & |\xi|^2 & \xi_3 \\ \xi_1 & \xi_2 & \xi_3 & 0 \end{bmatrix}$$

となる．故に，特性多項式は，この行列式であるから，$-|\xi|^6$ となり，(1.8) を満たす．したがって，(1.15) は楕円型である．解析的であることは明らか．この例に s_j とか t_j を用いて楕円型を定義した利点がでている．——

例 1.6 Ω を 2 次元の領域とする．そこで定義された**極小曲面の方程式**：

$$(1.16)\qquad (1+{u_y}^2)u_{xx}-2u_xu_yu_{xy}+(1+{u_x}^2)u_{yy}=0$$

は楕円型である．実際，(1.14) は，ξ_1,ξ_2 の代りに ξ,η とおくと，

$$\begin{aligned}&(1+{u_y}^2)\xi^2-2u_xu_y\xi\eta+(1+{u_x}^2)\eta^2 \\ &\quad=\xi^2+\eta^2+(u_y\xi-u_x\eta)^2\neq 0 \qquad ((\xi,\eta)\neq 0)\end{aligned}$$

となるからである．——

例 1.7　微分幾何学によく出てくる方程式である **Monge-Ampère 方程式**:

$$\frac{\partial^2 u}{\partial x^2}\frac{\partial^2 u}{\partial y^2}-\left(\frac{\partial^2 u}{\partial x \partial y}\right)^2=f(x,y) \tag{1.17}$$

は，領域 Ω で $f(x,y)$ が正ならば，楕円型となる．各自確かめよ．——

§1.2　記　号

これまで用いた記号や以下で用いる記号をまとめておこう．

まず，

$\boldsymbol{R}^n$: n 次元実 Euclid 空間(その点を $x=(x_1,\cdots,x_n)$ で表わす)；

$\boldsymbol{C}^n$: n 次元複素 Euclid 空間

とする．非負整数を成分にもつベクトル $\alpha=(\alpha_1,\cdots,\alpha_n)$ に対して，

$$|\alpha|=\alpha_1+\cdots+\alpha_n, \qquad \alpha!=\alpha_1!\cdots\alpha_n!$$

とおく．任意の $x\in\boldsymbol{R}^n$ $(x=(x_1,\cdots,x_n))$ に対して，

$$x^\alpha=x_1^{\alpha_1}\cdots x_n^{\alpha_n}, \qquad |x|=\left(\sum_{j=1}^n x_j^2\right)^{1/2},$$

$$D^\alpha=\left(\frac{\partial}{\partial x_1}\right)^{\alpha_1}\cdots\left(\frac{\partial}{\partial x_n}\right)^{\alpha_n}$$

とする．

次に，関数空間を導入しよう．$\boldsymbol{R}^n$ の中の領域 Ω に対して，それぞれ次のように表わす．

$C^k(\Omega)$ $(k=0,1,\cdots)$: Ω で k 回連続微分可能な関数の全体；

$C^k(\bar{\Omega})$: Ω の閉包 $\bar{\Omega}$ までこめて k 回連続微分可能な関数の全体．ノルムを

$$\|u\|_{C^k}=\max|D^\alpha u(x)| \qquad (|\alpha|\leqq k,\ x\in\bar{\Omega})$$

で定義すれば Banach 空間となる；

$C_0^k(\Omega)$: Ω に台をもつ $C^k(\Omega)$ の関数の全体；

$C^{k+\theta}(\Omega)$ $(k=0,1,\cdots;\ 0<\theta<1)$: $C^k(\bar{\Omega})$ の関数であって，$D^\alpha u$ $(|\alpha|=k)$ が $\bar{\Omega}$ 上で指数 θ の Hölder 連続となる関数の全体；

$L^p(\Omega)$: Ω 上の通常の Lebesgue 空間；

$W_p^{(k)}(\Omega)$: 一般化された微分 $D^\alpha u$ $(|\alpha|\leqq k)$ が存在しそれが $L^p(\Omega)$ に入る関数の全体．ノルムを

$$\|u\|_{W_p^{(k)}}{}^p = \sum_{|\alpha|\le k}\int_\Omega |D^\alpha u(x)|^p dx$$

で定めると Banach 空間となる．$W_2^{(k)}(\Omega)$ を $H^k(\Omega)$ と書く場合がある；

$\mathring{W}_p^{(k)}(\Omega)$：$C_0^\infty(\Omega)$ を，上の $W_p^{(k)}(\Omega)$ のノルムで完備化した空間，特に $\mathring{W}_2^{(k)}(\Omega)$ を $H_0{}^k(\Omega)$ と書く場合がある；

X, Y, Z：Banach 空間を一般的に表わす（その元を x, y, z で表わす）；

M：一般的に定数を表わす．

問　題

1　Monge-Ampère 方程式 (1.17)，すなわち

$$\frac{\partial^2 u}{\partial x^2}\frac{\partial^2 u}{\partial y^2} - \left(\frac{\partial^2 u}{\partial x\partial y}\right)^2 = f(x, y)$$

は，もし考えている領域で関数 $f(x, y)$ が正となるならば，楕円型であることを示せ．

2　Monge-Ampère 方程式の境界値問題：

$$\begin{cases} \dfrac{\partial^2 u}{\partial x^2}\dfrac{\partial^2 u}{\partial y^2} - \left(\dfrac{\partial^2 u}{\partial x\partial y}\right)^2 = 1 & (\text{単位円板内：} x^2+y^2<1), \\ u(x, y) = 1 & (\text{単位円周上：} x^2+y^2=1) \end{cases}$$

を考える．解 $u(x, y)$ が $r=(x^2+y^2)^{1/2}$ のみの関数と仮定して，上の問題を解け．（解は二つある.）

3　圧縮性流体の流れの研究にでてくる方程式

$$[\mu(|\mathrm{grad}\,\psi|) - \psi_y{}^2]\psi_{xx} + 2\psi_x\psi_y\psi_{xy} + [\mu(|\mathrm{grad}\,\psi|) - \psi_x{}^2]\psi_{yy} = 0$$

を考える．μ は $\boldsymbol{R}$ 上の与えられた関数であり，また

$$|\mathrm{grad}\,\psi| = (\psi_x{}^2 + \psi_y{}^2)^{1/2}$$

と定める．関数 $\psi=\psi(x, y)$ を通常**流れの関数**という．上の方程式は

$$|\mathrm{grad}\,\psi|^2 < \mu(|\mathrm{grad}\,\psi|)$$

を満たす流れの関数 ψ に沿って楕円型であることを示せ．

4　極小曲面の方程式に対する境界値問題：

$$\begin{cases} (1+u_y{}^2)u_{xx} - 2u_xu_yu_{xy} + (1+u_x{}^2)u_{yy} = 0 & (x^2+y^2>r_0{}^2), \\ u(x, y) = 0 & (x^2+y^2=r_0{}^2) \end{cases}$$

を考える．解 $u(x, y)$ が $r=(x^2+y^2)^{1/2}$ のみの関数と仮定して，上の問題を解け．

5　空間次元が1の場合，すなわち常微分方程式系の場合，楕円型という概念はどうなるか考えよ．

第2章　極小曲面の方程式

§2.1 Plateau 問題

針金で輪をつくり，それを石鹼水の中につけると，針金の内側に被膜を張る．この膜の面積が，針金を縁にして張る面の面積中で最小のものである．物理的にいうと，表面張力が被膜を平衡の位置にするように働くからである．与えられた曲線の内側に張る，最小の面積をもつ曲面を求めよ，というのが有名な **Plateau 問題**である．もし曲面 S が，$z=z(x, y)$ という形で，(x, y, z) 空間の中で表わされているとすると（このとき，**ノンパラメトリック形式**という），S の面積 A は，

$$A=\iint_{\Omega}\sqrt{1+z_x{}^2+z_y{}^2}\,dxdy$$

で与えられる．Ω は S の (x, y) 平面への射影である．S の境界は固定されているのであるから，Ω の境界 $\partial\Omega$ での z の値は，与えられた値 $\phi(x, y)$ をとる：

$$z(x, y)=\phi(x, y)\qquad((x, y)\in\partial\Omega). \tag{2.1}$$

このとき，もし $z(x, y)$ が極小曲面を表わしているとすると，変分法における有名な Euler の方程式を満たす：

$$\frac{\partial}{\partial x}\left(\frac{z_x}{\sqrt{1+z_x{}^2+z_y{}^2}}\right)+\frac{\partial}{\partial y}\left(\frac{z_y}{\sqrt{1+z_x{}^2+z_y{}^2}}\right)=0.$$

これを計算すると，非線型楕円型方程式（**極小曲面の方程式**；例 1.6）：

$$(1+z_y{}^2)z_{xx}-2z_xz_yz_{xy}+(1+z_x{}^2)z_{yy}=0 \tag{2.2}$$

となる．しかしながら，極小曲面が，$(x, y, z(x, y))$ という形に書かれるというのは，制約が強い．例えば，二つの針金でできた円環を張る石鹼膜の曲面は，いわゆる**懸垂面** (catenoid) である．図示すると次の通りである（図 2.1）．

二つの円環のうち一つは $z=0$ の平面の上に，他は $z=M$ の平面の上にあるとする．M が小さいときは曲面は x, y の1価関数として表わされるが，ある高さ M_0 を超えると，2価となってしまう．実際，任意の連続関数 ϕ に対して (2.2)

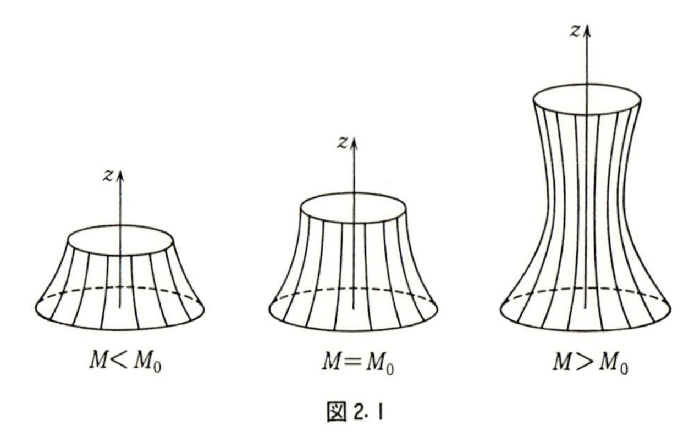

図 2.1

の解が存在するためには，考えている領域 Ω は凸集合でなければならないことが証明される．(§2.3 でこれを示そう．) 極小曲面の方程式の解は種々の興味ある性質をもっており，例えば，"$\boldsymbol{R}^2$ 全体で方程式を満たせばそれは線型の解にかぎる" という有名な **Bernstein の定理**がある．まずこの証明から始める．

§2.2　Bernstein の定理

前節で述べた有名な Bernstein の定理を証明しよう．すなわち，

定理 2.1[1]　$z(x, y)$ を全平面 $\boldsymbol{R}^2$ 上で定義された

$$(1+z_y{}^2)z_{xx}-2z_xz_yz_{xy}+(1+z_x{}^2)z_{yy}=0$$

の2回連続微分可能な解とする．このとき，z は x と y の1次式である．——

Jörgens に従って，この問題を，Monge-Ampère 方程式に対する問題に変換しよう．(例 1.7 をみよ．) そのために，

$$W=(1+p^2+q^2)^{1/2} \qquad (p=z_x,\ \ q=z_y)$$

とおくと，次の関係式が成立する：

$$\frac{\partial}{\partial x}\left(\frac{-pq}{W}\right)+\frac{\partial}{\partial y}\left(\frac{1+p^2}{W}\right)=0,$$

$$\frac{\partial}{\partial x}\left(\frac{1+q^2}{W}\right)+\frac{\partial}{\partial y}\left(\frac{-pq}{W}\right)=0.$$

故に，$\psi^{(1)}, \psi^{(2)}$ を未知関数とした微分方程式系

---

1) 以下の証明は，J. C. C. Nitsche: Ann. of Math. (2) **66** (1957), 543-544 による．

$$\frac{\partial}{\partial x}\psi^{(1)}=\frac{1+p^2}{W},\qquad \frac{\partial}{\partial y}\psi^{(1)}=\frac{pq}{W},$$
$$\frac{\partial}{\partial x}\psi^{(2)}=\frac{pq}{W},\qquad \frac{\partial}{\partial y}\psi^{(2)}=\frac{1+q^2}{W}$$

は，それぞれ完全積分可能な条件を満たすから，解 $\psi^{(1)},\psi^{(2)}\in C^1$ をもつ[1]．これに対して，

$$\varphi_x=\psi^{(1)},\qquad \varphi_y=\psi^{(2)}$$

も，やはり，完全積分可能な条件を満たすから，解 $\varphi\in C^2$ をもつ[1]．この φ は，

$$\varphi_{xx}=\frac{1+p^2}{W},\qquad \varphi_{xy}=\frac{pq}{W},\qquad \varphi_{yy}=\frac{1+q^2}{W}. \tag{2.3}$$

したがって，Monge-Ampère 方程式

$$\varphi_{xx}\varphi_{yy}-{\varphi_{xy}}^2=1$$

を満たす．この方程式に対し，次の定理が成立する．もしこれが示されれば，$\varphi_{xx},\varphi_{xy},\varphi_{yy}$ はどれも定数となり，(2.3) より，p も q も定数となることがわかる．ゆえに，z は x,y の1次式となって，定理 2.1 が証明されたことになる．

定理 2.2 平面全体で定義された2回連続微分可能な関数 $z(x,y)$ が，方程式

$$z_{xx}z_{yy}-{z_{xy}}^2=1\qquad ((x,y)\in \boldsymbol{R}^2) \tag{2.4}$$

を満たすならば，$z(x,y)$ は，x と y の2次式である．

証明 まず負ならば，z の代りに $-z$ を考えればよいから $z_{xx}>0$ と仮定しよう．変数 (x,y) を新しい変数 (ξ,η) にする．そのために次の不等式を示す．($p=z_x$, $q=z_y$.)

$$(x_2-x_1)[p(x_2,y_2)-p(x_1,y_1)] + (y_2-y_1)[q(x_2,y_2)-q(x_1,y_1)]\geqq 0. \tag{2.5}$$

実際，上式の左辺を A とおくと，積分の平均値の定理より

$$A=(x_2-x_1)\int_0^1\frac{d}{dx}p(x_1+t(x_2-x_1),\,y_1+t(y_2-y_1))\,dt$$
$$+(y_2-y_1)\int_0^1\frac{d}{dy}q(x_1+t(x_2-x_1),\,y_1+t(y_2-y_1))\,dt$$

---

1) 本講座“1階偏微分方程式”参照．

$$=\int_0^1(\lambda^2 z_{xx}+2\lambda\mu z_{xy}+\mu^2 z_{yy})dt$$

となる．ここで，$\lambda=x_2-x_1$，$\mu=y_2-y_1$ である．被積分関数を λ の関数とみれば，$\lambda=-\mu z_{xy}/z_{xx}$ のとき最小 ($z_{xx}>0$ に注意) で，被積分関数の最小値は，$z_{xx}z_{yy}-z_{xy}{}^2=1$ より，非負である．よって，$A\geqq 0$. これは，(2.5) を示している．

故に

$$\text{(2.6)}\qquad \begin{cases} \xi=\xi(x,y)=x+p(x,y), \\ \eta=\eta(x,y)=y+q(x,y) \end{cases}$$

と定め，$\xi_j=\xi(x_j,y_j)$，$\eta_j=\eta(x_j,y_j)$ とおくと，(2.5) より

$$(x_2-x_1)^2+(y_2-y_1)^2\leqq(x_2-x_1)(\xi_2-\xi_1)+(y_2-y_1)(\eta_2-\eta_1)$$

となるから，Schwarz の不等式より，

$$(x_2-x_1)^2+(y_2-y_1)^2\leqq(\xi_2-\xi_1)^2+(\eta_2-\eta_1)^2$$

を得る．故に，上の変換 (2.6) は拡大写像となっているから，全 (x,y) 平面を1対1に全 (ξ,η) 平面に写す．

全複素平面で定義された

$$f=f(\sigma)=(x-p)-i(y-q)\quad(\equiv u+iv)$$

は $\sigma=\xi+i\eta$ の解析関数であることを示そう．実際，(2.6) の逆変換を考えれば，

$$\frac{\partial x}{\partial\xi}=\frac{1+q_y}{2+p_x+q_y},\qquad \frac{\partial x}{\partial\eta}=-\frac{p_y}{2+p_x+q_y},$$
$$\frac{\partial y}{\partial\xi}=-\frac{q_x}{2+p_x+q_y},\qquad \frac{\partial y}{\partial\eta}=\frac{1+p_x}{2+p_x+q_y}$$

となる．他方，

$$u+\xi=2x,\qquad v-\eta=-2y$$

なる関係式が成立するが，この第1式を ξ で，第2式を η で微分すると，

$$\frac{\partial u}{\partial\xi}=\frac{\partial v}{\partial\eta}=\frac{-p_x+q_y}{2+p_x+q_y}.$$

同様に，

$$\frac{\partial u}{\partial\eta}=-\frac{\partial v}{\partial\xi}=-\frac{2p_y}{2+p_x+q_y}$$

となる．すなわち，Cauchy-Riemann 方程式を満たす．故に，f は解析的である．さらに，上式より，

$$f'(\sigma) = \frac{t-r+2is}{2+r+t} \qquad (r=p_x,\ s=p_y=q_x,\ t=q_y)$$

となる．方程式 (2.4) の解であるから $z_{xx}>0$ より $z_{yy}>0$ となる．故に，

$$1-|f'(\sigma)|^2 = 4(2+r+t)^{-1} > 0.$$

$(rt-s^2=1$ に注意.) よって，

$$|f'(\sigma)| < 1$$

を得る．Liouville の定理より，全平面で有界な解析関数は定数にかぎるから，$f'(\sigma)$ は定数となる．

$$r = \frac{|1-f'|^2}{1-|f'|^2}, \qquad s = \frac{i(\bar{f}'-f')}{1-|f'|^2}, \qquad t = \frac{|1+f'|^2}{1-|f'|^2}$$

より，r, s, t はすべて定数．すなわち，z は高々 2 次の多項式である．▮

§2.3 領域の凸性の必要性

前節で，線型方程式にない性質である Bernstein の定理を述べた．この節では，任意の C^∞ 関数 ϕ に対し，(2.2) が解をもつためには，領域は凸でなければならないことを示そう．これも，この方程式に特徴的なことである．楕円型方程式の解の比較定理から始める．

補題 2.1 u, v を，有界領域 Ω で (2.2) を満たす関数とする．もし，境界上の任意の点 $p \in \partial\Omega$ に対して，

$$\varlimsup_{\substack{q\to p\\ q\in\Omega}} (u(q)-v(q)) \leqq M$$

が成立するならば，領域の内部でも，不等式

$$u(p)-v(p) \leqq M \qquad (p \in \Omega)$$

が成立する．

証明 線型の場合に帰着させる．(2.2) の左辺を F とすると，u, v は，

$$F(u_x, u_y, u_{xx}, u_{xy}, u_{yy}) = 0$$

なる方程式を満たす．$w=u-v$ とおいて，平均値の定理を用いると，

$$0 = \int_0^1 \frac{d}{dt} F(v_x+tw_x, v_y+tw_y, v_{xx}+tw_{xx}, \cdots)\,dt.$$

被積分関数の微分を実行すれば，

$$a\frac{\partial^2 w}{\partial x^2}+2b\frac{\partial^2 w}{\partial x\partial y}+c\frac{\partial^2 w}{\partial y^2}+d\frac{\partial w}{\partial x}+e\frac{\partial w}{\partial y}=0$$

となる．ここで，a, b, c, d, e は (u, v を x, y の既知関数と考えて) x, y の関数である．しかも，この方程式が楕円型であること，すなわち，$b^2-ac<0$ となることがわかる．(各自確かめよ.) w を未知関数と考えれば，w は線型楕円型方程式を満たしている．故に，線型楕円型方程式の解に対する最大値の原理(付録をみよ)によって，w は Ω の内点で最大値をとらない．故に，$w\leqq M$ ($p\in\partial\Omega$) であるから，Ω 全体で $w\leqq M$. すなわち，$u(p)-v(p)\leqq M$ ($p\in\Omega$) を得る．▌

さて，図2.1で示した懸垂面を考える．

$$G(r\,;r_1)=r_1\cosh^{-1}\frac{r}{r_1},\qquad r\geqq r_1\qquad (G(r\,;r_1)\leqq 0 \text{ なる枝をとる})$$

とおくと(図2.2をみよ)，曲線

$$z=G(r\,;r_1),\qquad r=\sqrt{x^2+y^2}$$

は，懸垂面の下半分を表わしている．($r=r_1$ において $z=0$ となることに注意.)

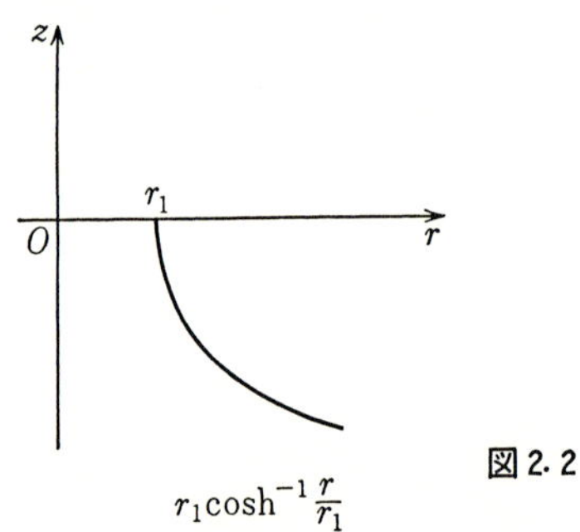

図2.2

普通，最大値の原理は境界'全部'の解の値によって領域全体の解の値を評価するのであるが，驚くべきことに極小曲面の方程式の場合，境界の'一部'の解の値によって全体を評価できる場合がある．すなわち次の補題が成り立つ．

補題2.2 Ω を円環: $r_1<r<r_2$ に含まれる領域とする．z を (2.2) の任意の解とする．もし $r=r_1$ の上にない Ω の任意の境界点 p に対し

$$\limsup_{\substack{(x,y)\to p\\(x,y)\in\Omega}}(z(x,y)-G(r\,;r_1))\leqq M \tag{2.7}$$

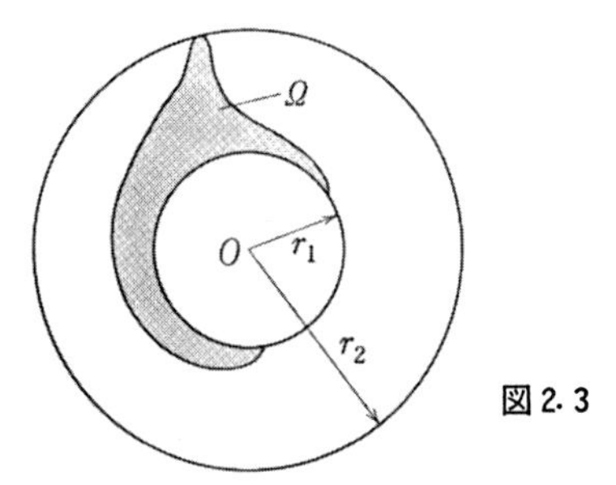

図 2.3

ならば，Ω 全体で

$$z(x, y) \leqq G(r\,;r_1)+M$$

が成立する．

証明 $r_1 < r_1' < r_2$ を満たす任意の r_1' に対して，

$$\varepsilon = \max_{r_1' \leqq r \leqq r_2} |G(r\,;r_1) - G(r\,;r_1')|$$

とおく．次の不等式が $\Omega' = \Omega \cap \{r_1' < r < r_2\}$ で成立することを示そう：

$$z(x, y) \leqq G(r\,;r_1')+M+\varepsilon. \tag{2.8}$$

もしこの不等式 (2.8) が示されれば，$r_1' \to r_1$ とすることにより，$\varepsilon \to 0$ となるから補題 2.2 が証明されたことになる．Ω' のすべての境界上で (2.8) が成立することが示されれば，補題 2.1 より Ω' で (2.8) を得る．(2.7) より，円環：$r_1' \leqq r \leqq r_2$ の中にある Ω の境界上の任意の点 p に対して，

$$\limsup_{(x,y)\to p} (z(x, y) - G(r\,;r_1')) \leqq M+\varepsilon$$

が成立するからもし (2.8) が成立しなければ，Ω の内点であって $r = r_1'$ 上にある点で成立しないことになる．$z(x, y) - G(r\,;r_1')$ は，この円上にあって，Ω の内点となっているある点 (a, b) で最大値 $M_1 > M+\varepsilon$ をとる．補題 2.1 より，Ω' 全体で，$z(x, y) - G(r\,;r_1') \leqq M_1$．ところが，$z$ は (a, b) で微分可能，それに反して，G の定義式より，

$$\left.\frac{\partial G(r\,;r_1')}{\partial r}\right|_{r=r_1'} = -\infty$$

となる．$x = \lambda a$, $y = \lambda b$ $(\lambda > 1)$ ととれば，

$$z(\lambda a, \lambda b) - G(\lambda r_1'\,;r_1') \leqq M_1 = z(a, b) - G(r_1'\,;r_1').$$

故に,

$$\frac{z(\lambda a, \lambda b)-z(a,b)}{\lambda-1} \leqq \frac{G(\lambda r_1{}'; r_1{}')-G(r_1{}'; r_1{}')}{\lambda-1}.$$

ここで, $\lambda\downarrow 1$ とすれば, 左辺は有限, 右辺$\to -\infty$ となり, 矛盾となる. ▌

さて, この節の目標は次の定理を示すことである.

定理 2.3　Ω を平面の有界領域とする. 境界上の任意の C^∞ 関数 ϕ に対して, (2.1), (2.2) が解をもつためには Ω が凸領域であることが必要である.

証明　Ω が凸でないと仮定して矛盾をだそう.

補題 2.3　Ω が凸でなければ, $\partial\Omega$ 上に, 凹点 p が存在する. ここで, p が凹点であるとは, p を通る円 C と p の近傍 U_p を適当にとれば, C の外側と U_p との共通部分が Ω に入るようにできることである.

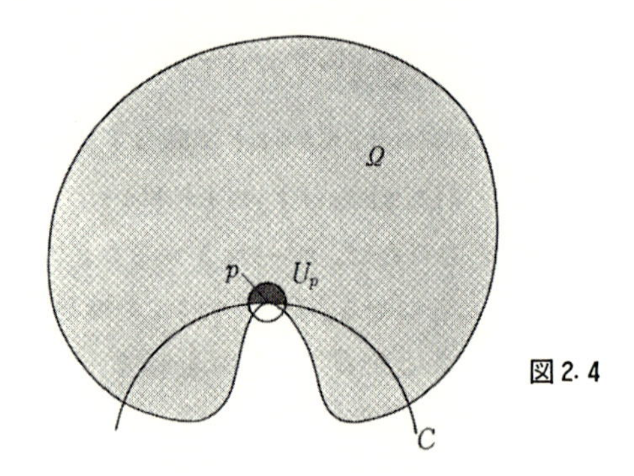

図 2.4

証明　直観的には, 明らかである. 方針を示しておこう. Ω は凸でないから, Ω の中に点 Q_1, Q_2 を適当にとれば, 線分 Q_1Q_2 が Ω に含まれないようにできる. $Q(t)$ $(0\leqq t\leqq 1)$ は, Ω の中で Q_1 と Q_2 を結ぶ曲線とする. このとき, Q_1 から

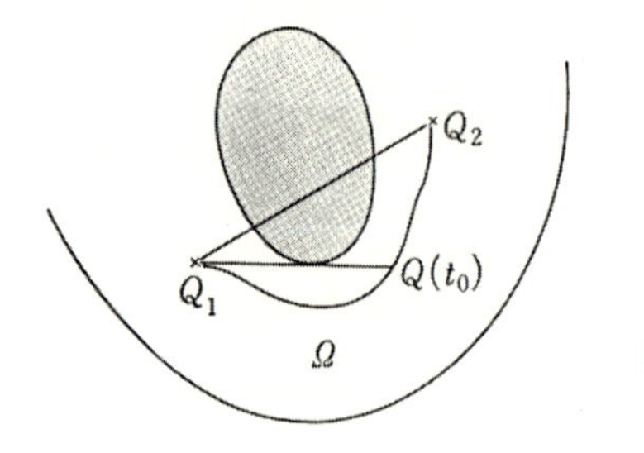

図 2.5

$Q(t)$ への線分 L が Ω に含まれないような最小の $t=t_0$ が存在する．まず，$t_0>0$ である．t_0 より小さい t に対し，Q_1 から $Q(t)$ への線分は Ω の中に入っており，L に関して同じ側にある．Q_1 と $Q(t_0)$ を中心とした二つの円板と L に十分近い

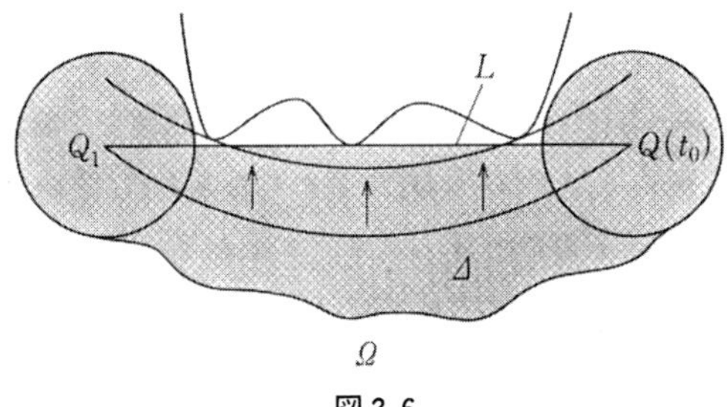

図 2.6

L の一方の側にある点との合併からなる Ω 内の開集合 Δ が存在する．(図 2.6 をみよ.) L の両端点を結び Δ の中に入っている十分大きな円弧をえらび，それを Ω の境界の方へ境界に接するまで平行移動させていけば，求める点(凹点)が得られる．▌

補題 2.4　Ω が凸でないとする．p を凹点とし，C を補題 2.3 のごとき円とする．もし z が極小曲面の方程式(2.2)の解であれば，$z(p)$ は，C の外側にある境界上の z の値によって上から評価される．

証明　C の中心は原点，としてよい．その半径を r_1 としよう．Ω は十分大きな円: $r<r_2$ の中に含まれる．Ω の任意の点 q が C の外側にある境界上の点に近づくとき $\limsup z(q)\leqq M$ が成立すると仮定する．このとき，Ω と C の外側との共通部分に補題 2.2 を適用すれば，

$$z\leqq G(r\,;r_1)-G(r_2\,;r_1)+M \qquad (r_1<r<r_2).$$

故に，

$$\lim_{q\to p} z(q)\leqq M-G(r_2\,;r_1). \tag{2.9}$$ ▌

定理の証明に移ろう．Ω が凸領域でなければ，Ω の境界上に，凹点 p がある．(2.1) の境界値 ϕ として十分小さい p の近傍にある境界上で ϕ の値を十分大きくとり，その外で ϕ の値を小さくとれば，(2.9) 式の左辺は大きく，右辺は小さくなるから矛盾してしまう．これは定理の成立を示している．▌

§2.4 存在定理

a) 存在定理

前節でみた通り，境界上で任意の ϕ をとる (2.2) の解が存在するためには，考えている領域は凸でなければならない．それでは逆に，領域が凸ならば解が存在するかというとこれは肯定的である．このことをこの節で示そう．

領域 Ω は凸で，単一閉曲線によって囲まれ，その曲線を，曲線の(ある固定された点からの)弧の長さ s で $x(s), y(s)$ と表わしたときに，曲線上の点 $x(s), y(s)$ はともに s につき4回連続微分可能とする．すなわち，領域 Ω は C^4 級であると仮定しよう．さらに，この曲線の曲率はいたるところ正であると仮定する[1]:

$$x'(s)y''(s)-x''(s)y'(s) > 0.$$

さて，このとき次の定理が成立する[2].

定理 2.4 領域 Ω が上のごとき仮定を満たしているとする．境界値 $\phi=\phi(x(s), y(s))$ は s の関数として $C^{3+\alpha}$ $(0<\alpha<1)$ に属すると仮定しよう．このとき，ϕ を境界上でとり，Ω の内部で極小曲面の方程式 (2.2) を満たす2回連続微分可能な解が一意的に存在する．——

b) 証明の方針

(2.2) を，

$$A(z_x, z_y)z_{xx}+B(z_x, z_y)z_{xy}+C(z_x, z_y)z_{yy} = 0 \tag{2.10}$$

と表わそう．ここで，$A(z_x, z_y)=1+z_y^2$，$B(z_x, z_y)=-2z_xz_y$，$C(z_x, z_y)=1+z_x^2$ である．この解 z とは別にして，一般に $z\in C^{1+\beta}(\Omega)$ $(0<\alpha<\beta<1)$ をとり，(2.10) の係数の中に入っている z にその値を代入して新しく楕円型微分方程式

$$A(z_x, z_y)Z_{xx}+B(z_x, z_y)Z_{xy}+C(z_x, z_y)Z_{yy} = 0 \tag{2.11}$$

をつくる．これは，Z を未知関数とした‘線型’楕円型方程式である．A, B, C は $|p|, |q|\leqq K$ なる p, q に対して，

(i) $A(p, q)$，$B(p, q)$，$C(p, q)$ は Lipschitz 連続で，その Lipschitz 係数 $H(K)$ は $2K$ である；

(ii) $A(p, q)$，$B(p, q)$，$C(p, q)$ は有界である：

$$|A|, |B|, |C| \leqq 1+2K^2;$$

1) 命題 2.3 の証明で必要とする．

2) 以下は L. Nirenberg による．

(iii) $M(K)(\xi^2+\eta^2) \geqq A(p,q)\xi^2+B(p,q)\xi\eta+C(p,q)\eta^2 \geqq m(K)(\xi^2+\eta^2)$
$(M(K)=1+K^2,\ m(K)=1)$ を満たす.

さて，線型楕円型方程式について一般的によく知られた基礎的事柄によって，Ω の境界上で ϕ をとり Ω で (2.11) を満たす解 $Z \in C^{2+\alpha}$ が一意的に存在する．これを $Z=Z[z]$ と表わすと，もし $Z[z]=z$ となる $z \in C^{2+\alpha}$ が存在すれば，この z が求めるものである.

上に用いた線型楕円型方程式の基礎的事柄を述べておこう.

命題 2.1 領域 Ω で線型楕円型方程式

(2.12) $$a(x,y)Z_{xx}+b(x,y)Z_{xy}+c(x,y)Z_{yy}=0$$

を考える．ここで，次の仮定をしよう.

(1) 係数 a,b,c は，$C^{\beta}(\Omega)$ $(0<\beta<1)$ に属し，楕円型条件:
$$a\xi^2+b\xi\eta+c\eta^2 \geqq m(\xi^2+\eta^2) \qquad (m\text{: 正定数})$$
をすべての実数 ξ,η と $(x,y)\in\Omega$ に対して満たしている；

(2) 領域の境界上で定義された $\phi=\phi(s)$ は，$C^{2+\alpha}$ $(0<\alpha<\beta<1)$ に属する.

このとき，境界上で ϕ をとり，Ω で (2.12) を満たす解 $Z\in C^{2+\alpha}$ が一意的に存在する．その上，不等式

(2.13) $$\|Z\|_{2+\alpha} \leqq k_1\|\phi\|_{2+\alpha}$$

が成立する．($\|Z\|_{2+\alpha}$ は Ω 上での Hölder ノルム，$\|\phi\|_{2+\alpha}$ は Ω の境界上での Hölder ノルム.) ここで，k_1 は $\|a\|_{\beta}, \|b\|_{\beta}, \|c\|_{\beta}, m, \Omega$ に依存する正定数である．さらに，もし $a,b,c\in C^{1+\beta}$, $\phi\in C^{3+\alpha}$ ならば $Z\in C^{3+\alpha}$ となる. ——

さて，$Z[z]=z$ となる z を求める道具として，次の Schauder の不動点定理がある.

命題 2.2 Banach 空間 X の有界な凸閉集合 S で定義され X に値をとる作用素 T が,

(a) T は S を自分自身に写す: $TS\subset S$;

(b) T は完全連続である，すなわち，S の T による像 TS がプレコンパクトとなる連続作用素である

という仮定を満たせば，T は S の中に不動点をもつ．すなわち，$Tx=x$ となる x が S の中に存在する. ——

我々が現在考えている具体的問題を，この一般論にのせる．Banach 空間 X と

して $C^{1+\beta}(\Omega)$ をとり，そこで‘適当に’有界な凸閉集合 S を定め，$Z[S]\subset S$ とできたとする．$z\in S$ に対して，$a(x,y)=A(z_x,z_y)$，$b(x,y)=B(z_x,z_y)$，$c(x,y)=C(z_x,z_y)$ とおくと，$\|a\|_\beta, \|b\|_\beta, \|c\|_\beta$ は有界となる：$\|a\|_\beta, \|b\|_\beta, \|c\|_\beta \leqq M(S)$ ($M(S)$ は S に依存する定数)．このとき，命題2.1より(2.11)の解 $Z=Z[z]\in C^{2+\alpha}$ は存在して，$\|Z\|_{2+\alpha}\leqq M'$ を満たす．ここで，M' は S のみに依存している正定数である．((2.13)と S の有界性とを考慮して，命題2.1にあらわれている定数を考えよ.) すなわち，S の Z による像 $Z[S]$ は $C^{2+\alpha}$ で有界集合である．故に，Ascoli-Arzelà の定理[1]によって，$Z[S]$ は C^2，特に $C^{1+\beta}$ でプレコンパクトとなる．

連続性を示そう．$C^{1+\beta}$ のノルムで $\{z_k\}$ が z に収束するとする．有界集合の Z による像は C^2 でプレコンパクトであるから，収束する部分列がとりだせる．その極限を Z' とする．Z' とは別な元 Z'' に収束する部分列が存在したと仮定する．この Z' も Z'' も方程式(2.11)を満たし同じ境界値をとる．故に，一意性より，$Z'=Z''$．これは矛盾である．よって，$\lim_{k\to\infty} Z[z_k]=Z[z]$．これは Z が連続であることを示している．すなわち，命題2.2の(a), (b)の成立を示している．よって $Z[z]=z$ となる $z\in C^{1+\beta}$ が存在する．Z の像は $C^{2+\alpha}$ に入るから定理が示されたことになる．故に，$Z[S]\subset S$ となる $C^{1+\beta}$ における有界な凸閉集合 S をみつければよい．例えば，S として，

$$S=\{z\in C^{1+\beta}\mid \|z\|_{1+\beta}\leqq M\}$$

ととり，M を適当にとれば，Z が S を自分自身に写す，すなわち $Z[S]\subset S$ とできるであろうか？ この $z\in S$ を方程式(2.11)の係数に代入すれば，命題2.1より，Z は，$\|Z\|_{2+\alpha}\leqq k_1\|\phi\|_{2+\alpha}$ を満たす．しかし，この評価式から，M を適当にとることによって，Z が S に入るための条件：$\|Z\|_{1+\beta}\leqq M$，を満たすようにできるかどうかを示すことは甚だ難しい．k_1 は M に依存してしまうからである．S をどうとったらよいか，にこの問題の困難さがある．S のとり方を説明するために，二つの命題を述べよう．

命題 2.3 $Z(x,y)$ を連続微分可能な係数をもつ線型楕円型方程式

(2.12) $$a(x,y)Z_{xx}+b(x,y)Z_{xy}+c(x,y)Z_{yy}=0 \qquad (4ac-b^2>0)$$

1) 付録参照.

の解とする．Z は，$\bar{\Omega}$ 上で連続微分可能，Ω で 2 回連続微分可能で境界上で ϕ をとると仮定すると，評価

$$\|Z\|_1 \leqq k\|\phi\|_2 \tag{2.14}$$

が成立する．ここで k は Ω のみに依存する定数であって，a, b, c によらない．($\|\phi\|_2$ は境界上におけるノルム.) ——

この k を用いて，

$$K = k\|\phi\|_2 \left(= k \max_{\substack{s \\ j=0,1,2}} \left| \frac{d^j}{ds^j}\phi(s) \right| \right)$$

とおく．$\|z\|_1 \leqq K$ なる $z \in C^2(\bar{\Omega})$ に対して，上の命題より，$\|Z[z]\|_1 \leqq K$ を得る．$C^2(\bar{\Omega})$ は $C^{1+\beta}(\Omega)$ で稠密であることと，Z が $C^{1+\beta}(\Omega)$ から $C^{1+\beta}(\Omega)$ への連続作用素であることにより，$\|z\|_1 \leqq K$ なる $z \in C^{1+\beta}(\Omega)$ に対して，$\|Z[z]\|_1 \leqq K$ を得る．(k，したがって K は係数 a, b, c によらぬことに注意.)

さて，もうひとつの命題を必要とする．

命題 2.4 方程式 (2.12) を考える．

$$a(x, y)z_{xx} + b(x, y)z_{xy} + c(x, y)z_{yy} = 0. \tag{2.12$'$}$$

ここで，係数と境界値 ϕ は次の仮定を満たすとする．

(i) 係数 a, b, c は有界である：

$$|a|, |b|, |c| \leqq K_1;$$

(ii) 方程式は楕円型である：

$$a(x, y)\xi^2 + b(x, y)\xi\eta + c(x, y)\eta^2 \geqq \lambda(\xi^2 + \eta^2) \qquad (\lambda\text{: 正定数})$$

がすべての実数 ξ, η と $(x, y) \in \bar{\Omega}$ に対して成立；

(iii) $\phi(s)$ は s につき 2 回連続微分可能で，

$$\left| \frac{d^2}{ds^2}\phi(s) \right| \leqq K_2.$$

もし z が $C^2(\bar{\Omega})$ に属する (2.12)$'$ の解であって，

$$|z_x|, |z_y| \leqq K_3$$

ならば，z_x と z_y は $\bar{\Omega}$ 上 Hölder 連続であって，その Hölder 指数および Hölder 係数は $K_1, K_2, K_3, \lambda, \Omega$ にのみ依存する定数である．——

さて，$\|z\|_1 \leqq K$ なる $z \in C^{1+\beta}$ をとり，これを方程式 (2.11) の係数の z に代入する．$a(x, y) = A(z_x, z_y)$，$b(x, y) = B(z_x, z_y)$，$c(x, y) = C(z_x, z_y)$ とおくと，この

a, b, c は上の命題2.4の仮定を満たす．そこで，K_1, λ, K_3 は K に依存する．命題2.4より，$Z=Z[z]$ は

$$\|Z\|_{1+\delta} \leqq \bar{K}$$

を満たす．ここで，$\delta, \bar{K}$ は K, K_2 にのみ依存する．この $\bar{K}, \delta$ を用いて，

$$S_{1+\delta} = \{z \in C^{1+\delta} \mid \|z\|_1 \leqq K,\ \|z\|_{1+\delta} \leqq \bar{K}\}$$

とおくと，$z \in S_{1+\delta}$ ならば $Z[z] \in S_{1+\delta}$ を得る．すなわち，$S=S_{1+\delta}$ とおくと，$Z[S] \subset S$ を得る．よって，命題2.2より，$Z[z]=z$ となる $z \in S$ が存在する．このzが求める解となることは，(2.11)で $Z=z$ としてみればわかる．一意性は，補題2.1を適用すれば容易にわかる．命題2.1は‘線型’楕円型方程式の基礎的事柄であるので証明はしない．(付録をみよ.) 命題2.2は，‘非線型’楕円型方程式の解の存在を示すための基礎的事柄であるので，章を改めて，次章で論ずる．以下，命題2.3と命題2.4を逐次証明しよう．

c) 命題2.3の証明

まず，最大値の原理より，

$$\min_{\Gamma} Z(x', y') \leqq Z(x, y) \leqq \max_{\Gamma} Z(x'', y'') \qquad ((x, y) \in \Omega)$$

を得る．ただし Γ は Ω を囲む曲線である．実際，$u=Z(x, y)-\max_{\Gamma} Z$ は，Γ の上で非正となる(2.12)の解であるから最大値の原理より，u は Ω で非正，すなわち，$Z(x, y) \leqq \max_{\Gamma} Z$ $((x, y) \in \Omega)$ を得る．同様にして，$\min_{\Gamma} Z \leqq Z(x, y)$ を得る．特に，($\|\cdot\|$ は最大ノルム)

$$\|Z\| \leqq \|\phi\|$$

となる．次に Z の微分を評価しよう．境界曲線 l: (x, y, Z) を考える．ここで，(x, y) は Ω の境界 Γ 上の点，$Z=\phi(x, y)$ である．Ω の仮定より，この境界曲線の任意の相異なる3点 P_1, P_2, P_3 を通る超平面の法線と Z 軸とのなす角 θ は，$|\tan\theta| \leqq M_1$ (M_1 は P_1, P_2, P_3 によらぬ正定数)とできる[1]．故に，$P_1 \to P_2$ として極限の場合を考えれば，曲線 l 上の任意の点 $(x^0, y^0, \phi(x^0, y^0))$ における接線を含み，Z 軸とその法線とのなす角 $\theta^{\pm}$ が $|\tan\theta^{\pm}|=M_1$ となる二つの超平面 $\Pi^{\pm}(x^0, y^0)$ の間に l は存在する．$\Pi^{\pm}(x^0, y^0)$ を

$$z = \alpha^{\pm}(x-x^0)+\beta^{\pm}(y-y^0)+\phi(x^0, y^0)$$

1) (これを3点条件という.) 直観的には明らかであるが，厳密な証明は付録§A.4をみよ．

で表わすと，$|\cos\theta^{\pm}|=(1+|\alpha^{\pm}|^2+|\beta^{\pm}|^2)^{-1/2}$ であるから，$|\alpha^{\pm}|+|\beta^{\pm}|\leqq M_2$ となる．(M_2 は x^0, y^0 によらぬ定数.) さらに，l は $\Pi^+(x^0, y^0)$ の下より，

$$Z(x,y)-\alpha^+(x-x^0)-\beta^+(y-y^0)-\phi(x^0,y^0)\leqq 0 \qquad ((x,y)\in\Gamma)$$

であるが，この左辺は (2.12) の解であるから最大値の原理より，

$$Z(x,y)-\alpha^+(x-x^0)-\beta^+(y-y^0)-\phi(x^0,y^0)\leqq 0 \qquad ((x,y)\in\Omega).$$

同様にして，

$$Z(x,y)-\alpha^-(x-x^0)-\beta^-(y-y^0)-\phi(x^0,y^0)\geqq 0 \qquad ((x,y)\in\Omega).$$

$Z_x(x^0, y^0)$ を評価しよう．もし $y=y^0$ と Γ が (x^0, y^0) で接していなければ，$Z(x^0, y^0)=\phi(x^0, y^0)$ であるから，上の二つの式で $y=y^0$ とおき $|x-x^0|$ で両辺をわり $x\to x^0$ $((x, y^0)\in\Omega)$ とすれば，$|Z_x(x^0, y^0)|\leqq\max(|\alpha^+|, |\alpha^-|)\leqq M_2$ を得る．もし接していれば，$Z_x(x^0, y^0)$ は ϕ をパラメータ s で微分したものであるから，$|Z_x(x^0, y^0)|\leqq\|\phi\|_1$. いずれにしても，

$$|Z_x(x^0, y^0)|\leqq M$$

となる．ここで M は x^0, y^0 によらぬ定数である．同様にして，

$$|Z_y(x^0, y^0)|\leqq M.$$

これが Ω でも成立することを示そう．係数 a, b, c は $C^{1+\beta}$, ϕ は $C^{3+\alpha}$ と仮定しよう．このとき $Z\in C^{3+\alpha}$ となる．Z の満たす方程式

$$aZ_{xx}+bZ_{xy}+cZ_{yy}=0 \tag{2.12}$$

の両辺を c でわり，x で微分すると，線型楕円型方程式:

$$a'Z_{xxx}+b'Z_{xxy}+Z_{xyy}+d'Z_{xx}+e'Z_{xy}=0$$

を満たす．$u=Z_x$ とおくと，この u は

$$a'u_{xx}+b'u_{xy}+u_{yy}+d'u_x+e'u_y=0$$

を満たす．しかも境界 Γ 上で，$|u|\leqq M$ であるから，最大値の原理によって，Ω 全体で $|u|\leqq M$ となる．すなわち，$|Z_x|\leqq M$. 同様にして $|Z_y|\leqq M$ となる．一般の場合は，a, b, c, ϕ を $a_n, b_n, c_n\in C^{1+\beta}$, $\phi_n\in C^{3+\alpha}$ でそれぞれ C^β, $C^{2+\alpha}$ の位相で近似する．a_n, b_n, c_n, ϕ_n に対する方程式 (2.12) の解を Z_n とすれば，命題 2.1 より Z_n は $C^{3+\alpha}$ に入り，評価 (2.13), (2.14) が成立する．そこにあらわれる定数 k_1, k は n によらないから，コンパクト性の議論より Z に対しても成立することがわかる．故に，命題 2.3 が示された．▌

d）命題 2.4 の証明

慣用に従って，$p=z_x$，$q=z_y$ とおこう．

補題 2.5　命題 2.4 の仮定の下で，

$$p_x^2+p_y^2+q_x^2+q_y^2 \leqq k(p_yq_x-p_xq_y) \tag{2.15}$$

が成立する．ここで，$k=2K_1/\lambda$ である．

証明　楕円型の条件より，$c>0$ であるから，(2.12)′ の両辺を c でわると，

$$a'p_x+b'p_y+q_y=0. \tag{2.16}$$

ここで，$a'=a/c$，$b'=b/c$ である．他方，恒等式

$$p_y-q_x=0 \tag{2.17}$$

が成立する．(2.16) に p_x をかけ，そして (2.17) に p_y をかけ互いにたし合うと，

$$a'p_x^2+b'p_xp_y+p_y^2=p_yq_x-p_xq_y$$

を得る．楕円型の条件より，

$$a'\xi^2+b'\xi\eta+\eta^2 \geqq \frac{\lambda}{c}(\xi^2+\eta^2) \geqq \frac{\lambda}{K_1}(\xi^2+\eta^2)$$

となるから，

$$\frac{\lambda}{K_1}(p_x^2+p_y^2) \leqq p_yq_x-p_xq_y \tag{2.18}$$

を得る．同様にして，

$$\frac{\lambda}{K_1}(q_x^2+q_y^2) \leqq p_yq_x-p_xq_y \tag{2.19}$$

を得る．(2.18) と (2.19) をたして，λ/K_1 によって両辺をわれば，求める式 (2.15) を得る．▌

補題 2.6　平面内の領域 Ω' において，不等式

$$p_x^2+p_y^2+q_x^2+q_y^2 \leqq k_1(p_yq_x-p_xq_y)+k_2 \tag{2.20}$$

を満たし $C^1(\Omega')$ に属する関数 p, q を考える．ここで，k_1, k_2 は正定数である．さらに，

(1)　q は Ω' 上有界：$|q| \leqq K_1$；

(2)　Ω' の境界の一部は x 軸上にある線分 Γ からできており，p, q, p_x, p_y, q_x, q_y は Γ までこめて連続であって，

$$|p_x| \leqq K_2 \qquad (\Gamma \text{上})$$

と仮定する．Γ を除いた Ω' の境界上の点からの距離が $2d$ 以下でない点を P とし，P を中心とした半径 d の円と Ω' との共通部分を C_d とする．このとき，k_1, k_2, K_1, K_2, d のみに依存する定数 M と α $(0<\alpha<1)$ を適当にとれば，

$$\iint_{C_d} r^{-\alpha}(|p_x|^2+|p_y|^2+|q_x|^2+|q_y|^2)dxdy \leqq M \tag{2.21}$$

が成立する．(r は円の中心から積分変数 (x, y) までの距離.)

証明　中心 P, 半径 $2d$ の円と Ω' との共通部分を C とおく．$\zeta=\zeta(x, y)$ は，P と (x, y) との距離 r のみに依存する C^1 関数で，$0\leqq r\leqq d$ のとき 1，$d\leqq r\leqq 2d$ のとき単調減少で，$r\geqq 2d$ のとき 0 としよう．α $(0<\alpha<1)$ は後から定めるパラメータとする．(2.20) に $\zeta^2 r^{-\alpha}$ をかけて，C 上で積分すると，

$$\iint_C \zeta^2 r^{-\alpha}(|p_x|^2+|p_y|^2+|q_x|^2+|q_y|^2)dxdy$$
$$\leqq k_1\iint_C \zeta^2 r^{-\alpha}(p_y q_x-p_x q_y)dxdy+k_2\iint_C \zeta^2 r^{-\alpha}dxdy$$

となる．この右辺を I とおき部分積分する．(P と Γ との距離が $2d$ 以上ならば，議論がより簡単となるから，$2d$ 以下の場合のみを考える.）部分積分によって，

$$I = I_1+I_2+I_3+I_4$$

となる．ここで，

$$I_1 = -k_1\iint_C 2\zeta\zeta_r r^{-\alpha}q(p_y r_x-p_x r_y)dxdy,$$
$$I_2 = k_1\alpha\iint_C \zeta^2 r^{-\alpha-1}q(p_y r_x-p_x r_y)dxdy,$$
$$I_3 = k_2\iint_C \zeta^2 r^{-\alpha}dxdy,$$
$$I_4 = k_1\int_\Gamma \zeta^2 r^{-\alpha}qp_x dx$$

である．(最初に，滑らかな関数 p に対し成立を示しその後で極限操作をすればよい.) I_1, I_2, I_3, I_4 を評価しよう．簡単のため，

$$I' = \iint_C \zeta^2 r^{-\alpha}(|p_x|^2+|p_y|^2)dxdy,$$
$$I'' = \iint_C \zeta^2 r^{-\alpha}(|q_x|^2+|q_y|^2)dxdy$$

とおく．このとき，$I'+I''\leqq I$ となる．まず，$\zeta^2\leqq 1$ であるから，

$$I_3\leqq k_2\iint_C r^{-\alpha}dxdy=\frac{2\pi k_2}{2-\alpha}\left(\frac{3d}{2}\right)^{2-\alpha}. \tag{2.22}$$

次に，

$$\begin{aligned}I_1&\leqq 2k_1\iint_C r^{-\alpha}|q\zeta_r|\zeta\sqrt{p_x{}^2+p_y{}^2}\,dxdy\\&\leqq k_1\iint_C r^{-\alpha}[\mu q^2\zeta_r{}^2+\mu^{-1}\zeta^2(p_x{}^2+p_y{}^2)]dxdy\\&\leqq k_1\mu K_1{}^2\iint_C r^{-\alpha}\zeta_r{}^2dxdy+\mu^{-1}k_1I'\end{aligned} \tag{2.23}$$

(μ は正のパラメータ）となる．ここで，仮定 $|q|\leqq K_1$ を用いた．次に，$|p_x|\leqq K_2$ (Γ 上）と $|q|\leqq K_1$ という仮定を用いると，$\zeta^2\leqq 1$ であるから，

$$\begin{aligned}I_4&\leqq k_1\int_\Gamma r^{-\alpha}\zeta^2|qp_x|dx\\&\leqq k_1K_1K_2\int_\Gamma r^{-\alpha}dx\\&\leqq 2k_1K_1K_2\int_0^{2d}|x|^{-\alpha}dx=\frac{2k_1K_1K_2}{1-\alpha}(2d)^{1-\alpha}\end{aligned} \tag{2.24}$$

となる．最後に，I_2 を評価する．この積分を，P を中心とした極座標 (r,θ) で表わすと，

$$I_2=k_1\alpha\iint_C r^{-\alpha-1}\zeta^2q(p_yr_x-p_xr_y)rdrd\theta$$

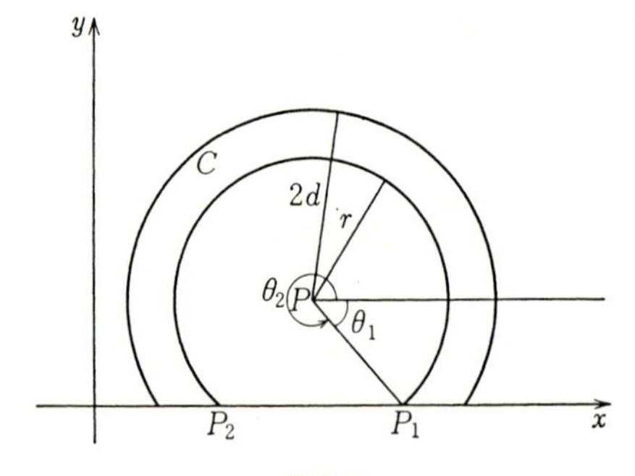

図2.7

となる．$p_y r_x - p_x r_y = p_\theta / r$ であるから，積分

$$\bar{p}(r) = \int_{C(r)} (p_y r_x - p_x r_y) d\theta$$

は，

$$\bar{p}(r) = \frac{1}{r}(p(P_2) - p(P_1)) \tag{2.25}$$

となる．ここで，$C(r)$ は，P_1 と P_2 を両端点とする中心が P で半径 r ($r \leqq 2d$) の円弧である (図 2.7 を参照)．さらに，$\bar{q}(r) = q(r, 0)$ とおいて，

$$I_2 = I_2' + I_2''$$

と分ける．ここで，

$$I_2' = k_1 \alpha \int\int_C r^{-\alpha-1} \zeta^2 (q - \bar{q})(p_y r_x - p_x r_y) r dr d\theta,$$

$$I_2'' = k_1 \alpha \int\int_C r^{-\alpha-1} \zeta^2 \bar{q} (p_y r_x - p_x r_y) r dr d\theta.$$

このとき，

$$I_2'' = k_1 \alpha \int_0^{2d} r^{-\alpha} \zeta^2 \bar{q} \bar{p} dr.$$

I_2' を評価しよう．まず，Schwarz の不等式より，

$$\begin{aligned} I_2' &\leqq k_1 \alpha \int\int_C r^{-\alpha} \zeta^2 [r^{-1} |q - \bar{q}| \sqrt{p_x^2 + p_y^2}] r dr d\theta \\ &\leqq k_1 \alpha \int\int_C r^{-\alpha} \zeta^2 \frac{1}{2} [r^{-2} (q - \bar{q})^2 + p_x^2 + p_y^2] r dr d\theta \\ &= \frac{k_1 \alpha}{2} \int_0^{2d} r^{-\alpha-2} \zeta^2 r dr \int_{\theta_1}^{\theta_2} (q - \bar{q})^2 d\theta + \frac{k_1 \alpha}{2} I' \end{aligned} \tag{2.26}$$

となる．$\int_{\theta_1}^{\theta_2} (q - \bar{q})^2 d\theta$ の項を評価しよう．簡単な計算より，

$$\begin{aligned} \int_{\theta_1}^{\theta_2} (q - \bar{q})^2 d\theta &= \int_{\theta_1}^{\theta_2} d\theta \left(\int_0^\theta q_\phi d\phi \right)^2 \\ &\leqq \int_{\theta_1}^{\theta_2} d\theta \left(\theta \cdot \int_0^\theta q_\phi^2 d\phi \right) \qquad \text{(Schwarz の不等式より)} \\ &\leqq 2\pi^2 \int_{\theta_1}^{\theta_2} q_\theta^2 d\theta \qquad \text{(図 2.7 をみよ)} \end{aligned}$$

となる．しかるに，$q_x^2 + q_y^2 = q_r^2 + r^{-2} q_\theta^2$ であるから

$$\int_{\theta_1}^{\theta_2}(q-\bar{q})^2 d\theta \leqq 2\pi^2 r^2 \int_{\theta_1}^{\theta_2}(q_x{}^2+q_y{}^2)d\theta.$$

故に，これを (2.26) の右辺に代入すると，

$$I_2' \leqq \pi^2 k_1 \alpha I'' + \frac{1}{2}k_1\alpha I' \tag{2.27}$$

を得る．最後に，I_2'' の評価に移る．まず仮定より，$|p_x|\leqq K_2$ であるから，平均値の定理より，

$$|\bar{p}(r)| = \left|\frac{1}{r}(p(P_2)-p(P_1))\right| \leqq 2K_2$$

となる．(P_2 と P_1 との距離は高々 $2r$ であることに注意.) 故に，

$$I_2'' \leqq 2k_1\alpha K_1 K_2 \int_0^{2d} r^{-\alpha}dr = \frac{2k_1\alpha K_1 K_2}{1-\alpha}(2d)^{1-\alpha} \tag{2.28}$$

を得る．故に，(2.22), (2.23), (2.24), (2.27), (2.28) をすべて加えると，

$$I'+I'' \leqq I \leqq A(\mu,\alpha)(I'+I'')+B(\mu,\alpha)$$

となる．$A(\mu,\alpha), B(\mu,\alpha)$ は $\mu, \alpha, k_1, k_2, K_1, K_2, d$ に依存する定数である．具体的には，

$$A(\mu,\alpha) = \mu^{-1}k_1 + \frac{1}{2}k_1\alpha + \pi^2 k_1 \alpha.$$

μ を大きくとり，α を小さくとって，$A(\mu,\alpha)<1/2$ にすれば，

$$I'+I'' \leqq 2B(\mu,\alpha)$$

となる．ζ は $0\leqq r\leqq d$ で 1 であるから，

$$\iint_{C_d} r^{-\alpha}(p_x{}^2+p_y{}^2+q_x{}^2+q_y{}^2)dxdy \leqq I'+I'' \leqq M$$

となる．これは補題 2.6 の成立を示している．∎

同様にして，次の補題が成立する．

補題 2.7　p, q を

$$p_x{}^2+p_y{}^2+q_x{}^2+q_y{}^2 \leqq k_1(p_y q_x - p_x q_y)+k_2$$

を満たす $C^1(\Omega)$ に属する関数とする．ここで，k_1, k_2 は非負の定数，$|q|\leqq K_1$ と仮定する．Ω_0 を，その閉包が Ω に含まれるような Ω の部分領域とし，Ω_0 から Ω の境界までの距離を $2d$ で表わす．このとき，k_1, k_2, K_1, d にのみ依存する正定数 M, α $(0<\alpha<1)$ を適当にえらぶと，不等式

$$\iint_{C_d} r^{-\alpha}(p_x{}^2+p_y{}^2+q_x{}^2+q_y{}^2)dxdy \leqq M$$

が，Ω_0 の中に中心をもち半径が d の任意の円 C_d に対して成立するようにできる．(r は円の中心から積分変数の点 (x, y) までの距離を表わす.) ——

補題 2.8 $z \in C^2(\bar{\Omega})$ とする．この z に対し，

(1) $|z_x|, |z_y| \leqq K_1$;

(2) (x, y) が Ω の境界上の点のとき，z を弧の長さ s の関数とみて，$\phi(s) = z(x(s), y(s))$ とおくと，

$$|\phi''(s)| \leqq K_2$$

と仮定する．さらに，$p=z_x$, $q=z_y$ とおくと，z は

$$p_x{}^2+p_y{}^2+q_x{}^2+q_y{}^2 \leqq k_1(p_y q_x - p_x q_y)+k_2 \qquad (k_1, k_2\text{: 正定数})$$

を満たしているとする．このとき，任意の点 P を中心とした半径 d の円と Ω との共通部分 C_d に対して，

$$\iint_{C_d} r^{-\alpha}(p_x{}^2+p_y{}^2+q_x{}^2+q_y{}^2)dxdy \leqq M$$

が成立するような，($k_1, k_2, K_1, K_2, \Omega$ にのみ依存する) 正定数 d, M, α $(0<\alpha<1)$ が存在する．

証明 補題 2.7 で Ω の内部での評価を示したから，中心が境界に近いときの評価が問題である．すなわち，Ω の境界からの距離が $2d'$ 以下である点 P を中心としてもつ半径 c' の円と Ω との共通部分を $C_{c'}$ とする．このような任意の $C_{c'}$ に対して，

$$\iint_{C_{c'}} r^{-\alpha'}(p_x{}^2+p_y{}^2+q_x{}^2+q_y{}^2)dxdy \leqq M' \tag{2.29}$$

が成立するような，($k_1, k_2, K_1, K_2, \Omega$ にのみ依存する) 正定数 d', c', M', α' $(0<\alpha'<1)$ が存在することが示されればよい．(境界からの距離が $2d'$ 以上のところでは補題 2.7 を適用し，適当に M' 等の定数を修正すればよい.) (2.29) は補題 2.6 より変数変換を用いて示される．Q を Ω の境界点とする．この点を含む境界の曲線を，$y=f(x)$ としよう．そこで，$\xi=x$, $\eta=y-f(x)$ と座標変換する．このとき，Q を中心とした円を十分小さくとれば，

(i) この円内に含まれる Ω の境界は，Q を通る上に表わされた曲線のみであ

る；

(ii)　この円内で上の座標変換は1対1であり，(ξ,η) 平面のある領域 Ω' の上への写像である．

明らかに，Q を含む境界曲線は，$\eta=0$ の線分に写される．このように，各境界点に対し，上のごとき変換と小さな円が定まるが，境界はコンパクトであるから，中心を境界上にもち半径 $4d'$ の任意の円が上の性質(i), (ii)をもつように，d' をとることができる．そこでの変換 ξ,η は，

$$|\xi_x|, |\eta_x|, \cdots, |\eta_{yy}| \leqq \bar{K} \qquad (\bar{K}:\ 正定数) \tag{2.30}$$

となる．$z'(\xi,\eta)=z(x,y)$，$p'=z'_\xi$，$q'=z'_\eta$ とおくと，仮定より

$$|p'|, |q'| \leqq K_1',$$

$$p'^2_\xi+p'^2_\eta+q'^2_\xi+q'^2_\eta \leqq k_1'(p'_\eta q'_\xi-p'_\xi q'_\eta)+k_2'$$

を満たすことがわかる．(各自確かめよ.) ここで K_1', k_1', k_2' は $K_1, k_1, k_2, \bar{K}$ による定数である．さらに，$\eta=0$ の線分上で，仮定より

$$|p'_\xi| \leqq K_2' \qquad (K_2':\ K_2 と \bar{K} に依存する定数)$$

となる．(各自確かめよ.) 最後に，(2.30)より不等式

$$p_x^2+p_y^2+q_x^2+q_y^2 \leqq k_3(p'^2_\xi+p'^2_\eta+q'^2_\xi+q'^2_\eta+1) \tag{2.31}$$

が成立する．ただし k_3 は K_1 と $\bar{K}$ のみに依存する定数である．また，境界上に中心をもつ半径 $4d'$ の各円内の2点 P, P' の距離 l と，ξ,η によって変換された点の距離 l' の間に，

$$k_4 \leqq \frac{l}{l'} \leqq k_4^{-1} \tag{2.32}$$

という関係があることに注意する．k_4 は $\bar{K}$ に依存する定数である．P を Ω の境界からの距離が $2d'$ 以下の点とし，P に最も近い Ω の境界上の点を Q とする．この Q を中心に半径 $4d'$ の円を描く．d' の定義より，変数 ξ,η が導入され，この円はある (ξ,η) 平面のある領域 Ω' の上へ写される．Ω' は $\eta=0$ をその境界の一部として含み，P と円周との距離は $2d'$ 以下でないから(2.32)より P の像 P' と $\eta=0$ 上にない Ω' の境界との距離は $2k_4d'$ 以下でない．そこで $c=k_4d'$ とおく．以上より，補題2.6の k_1, k_2, K_1, K_2, d として，それぞれ $k_1', k_2', K_1', K_2', c$ ととれば，補題2.6の仮定をすべて満たすことがわかる．故に，

$$\int_{C_{c'}{}'} \rho^{-\alpha'}(p'_{\xi}{}^2+p'_{\eta}{}^2+q'_{\xi}{}^2+q'_{\eta}{}^2)d\xi d\eta \leqq \overline{M}. \tag{2.33}$$

ここで，$C_c{}'$ は中心が P'，半径 c の円と Ω' との共通部分，ρ は積分変数と P' との距離である．ξ, η をもとの変数 x, y に戻そう．$c'=k_4{}^2d'$ とすれば，(2.32) より $C_c{}'$ の逆像は $C_{c'}$ を含む．故に，(2.31) と (2.32) より，

$$\begin{aligned}
&\iint_{C_{c'}} r^{-\alpha'}(p_x{}^2+p_y{}^2+q_x{}^2+q_y{}^2)dxdy \\
&\leqq k_4{}^{-\alpha'}\iint_{C_{c'}{}'} \rho^{-\alpha'}(p_x{}^2+p_y{}^2+q_x{}^2+q_y{}^2)d\xi d\eta \\
&\leqq k_3k_4{}^{-\alpha'}\iint_{C_{c'}{}'} \rho^{-\alpha'}(p'_{\xi}{}^2+p'_{\eta}{}^2+q'_{\xi}{}^2+q'_{\eta}{}^2+1)d\xi d\eta \\
&\leqq M' \qquad ((2.33)\text{ より})
\end{aligned}$$

となる．▌

補題 2.9 p を，Ω で定義された1回連続微分可能な関数とする．もし

(1) $|p(x, y)| \leqq K_1$；

(2) Ω の中に中心をもつ半径 d の任意の円に対し，これと Ω との共通部分を C_d とする．このとき，そのような任意の C_d に対して

$$\iint_{C_d} r^{-\alpha}(p_x{}^2+p_y{}^2)dxdy \leqq M$$

が成立するように $d, M, \alpha\ (0<\alpha<1)$ をとることができる

ならば，関数 $p(x, y)$ は $C^{\alpha/2}(\Omega)$ に属する．その Hölder 係数は $K_1, M, \alpha, d, \Omega$ にのみ依存する．すなわち，Ω の任意の2点 P, P' に対して，

$$\frac{|p(P)-p(P')|}{\overline{PP'}^{\alpha/2}} \leqq H \tag{2.34}$$

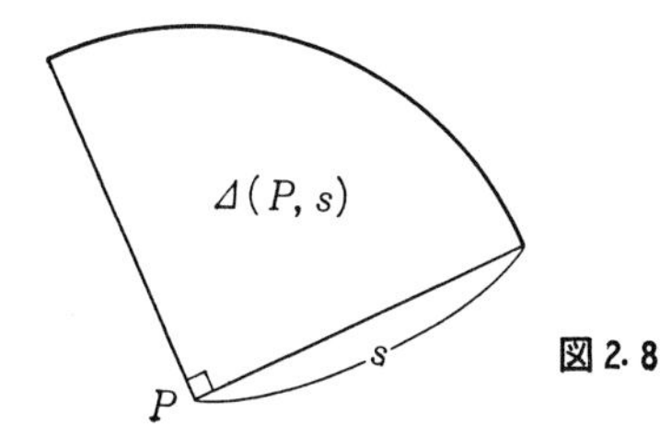

図 2.8

が成立する．ここで，$\overline{PP'}$ は P と P' との距離を表わし，Hölder 係数 H は，$K_1, M, \alpha, d, \Omega$ にのみ依存する定数である．

証明　P を Ω の任意の点とする．P を中心とした半径 s の四分円を $\varDelta(P,s)$ とする(図2.8をみよ)．Ω の仮定より，次の性質をもつ d より小さい d' が存在する．互いの距離が d' 以下である任意の2点 $P, P' \in \Omega$ に対し $(s=\overline{PP'})$,

(i)　$\varDelta(P,s)$ も $\varDelta(P',s)$ も Ω に含まれる；

(ii)　$\varDelta(P,s)$ と $\varDelta(P',s)$ の共通部分の面積 A は $s^2/4$ 以上；

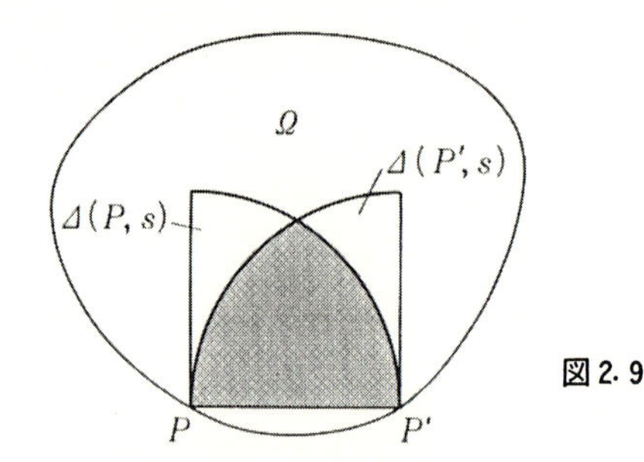

図2.9

となる $\varDelta(P,s), \varDelta(P',s)$ を見つけることができる．

さて，もし，$\overline{PP'} \geqq d'$ ならば，$|p| \leqq K_1$ であるから，

$$\frac{|p(P)-p(P')|}{\overline{PP'}^{\alpha/2}} \leqq \frac{2K_1}{(d')^{\alpha/2}}$$

となる．それ故に，$\overline{PP'}=s<d'$ の場合に，不等式(2.34)を示せばよい．Ω の任意の点 (x,y) に対して，

$$|p(P)-p(P')| \leqq |p(P)-p(x,y)|+|p(x,y)-p(P')|$$

となるから，上に定めた $\varDelta(P,s), \varDelta(P',s)$ をとり，この二つの四分円の共通部分の上で，上の不等式を x, y につき積分すると，

$$A|p(P)-p(P')| \leqq \iint |p(P)-p(x,y)|dxdy + \iint |p(P')-p(x,y)|dxdy \tag{2.35}$$

となる．A はこの共通部分の面積である．構成の仕方より，A は $s^2/4$ より大きい．次に，右辺の第1項の積分範囲を $\varDelta(P,s)$ にすれば，より大きくなる．そこ

で，P を中心として，極座標 (r,θ) を導入すると

$$p(r,\theta)-p(P)=\int_0^r p_\rho(\rho,\theta)d\rho$$

であるから，右辺の第1項は，

$$I_1=\iint_{\Delta(P,s)}\left[\int_0^r |p_\rho(\rho,\theta)|d\rho\right]rdrd\theta$$

より大きくない．積分順序を交換して計算すると，

$$\begin{aligned}
I_1&=\frac{1}{2}\int_0^s\int_\theta^{\theta+\pi/4}(s^2-r^2)|p_r|drd\theta\\
&\leqq\frac{1}{2}s^2\int_0^s\int_\theta^{\theta+\pi/4}|p_r|drd\theta\\
&=\frac{1}{2}s^2\iint_{\Delta(P,s)}\frac{1}{r}|p_r|dxdy\\
&=\frac{1}{2}s^2\iint_{\Delta(P,s)}r^{\alpha/2-1}|p_r|r^{-\alpha/2}dxdy\\
&\leqq\frac{1}{2}s^2\left[\iint_{\Delta(P,s)}r^{\alpha-2}dxdy\right]^{1/2}\left[\iint_{\Delta(P,s)}r^{-\alpha}p_r{}^2dxdy\right]^{1/2}\\
&\qquad\qquad(\text{Schwarz の不等式より})\\
&\leqq\frac{1}{2}s^2\left[\frac{2\pi}{\alpha}s^\alpha\right]^{1/2}\left[\iint_{C_a}r^{-\alpha}(p_x{}^2+p_y{}^2)dxdy\right]^{1/2}\\
&\leqq\sqrt{\frac{\pi M}{2\alpha}}s^{2+\alpha/2}
\end{aligned}$$

となる．

同様にして，(2.35) の右辺第2項は，

$$\sqrt{\frac{\pi M}{2\alpha}}s^{2+\alpha/2}$$

より大きくはない．故に，

$$\frac{s^2}{4}|p(P)-p(P')|\leqq\sqrt{\frac{2\pi M}{\alpha}}s^{2+\alpha/2}.$$

したがって，

$$\frac{|p(P)-p(P')|}{\overline{PP'}^{\alpha/2}}\leqq 4\sqrt{\frac{2\pi M}{\alpha}}$$

を得る. ▌

以上の補題2.5, 補題2.7, 補題2.8, 補題2.9をすべて結びつければ, 結局, 命題2.4が導かれる. ▌

問 題

1 Ω を2次元の凸領域とする. z_1, z_2 を同じ境界値をもつ Ω での極小曲面の方程式の解とする. $z=\lambda z_1+(1-\lambda)z_2$ $(0\leqq\lambda\leqq 1)$ とおくと,

$$I(\lambda)=\iint_\Omega\sqrt{1+z_x{}^2+z_y{}^2}\,dxdy$$

は $I'(0)=I'(1)=0$ を満たす λ $(0\leqq\lambda\leqq 1)$ の凸関数であることを示せ. これより, 極小曲面の方程式の解の一意性を導け.

2 Ω を2次元凸領域とする. z を境界値 ϕ をもつ Ω での極小曲面の方程式の解とする. Γ を $(x, y, \phi(x, y))$ によってできる3次元空間内の曲線とする. このとき, 曲面 $(x, y, z(x, y))$ は Γ の凸包の中にあることを示せ. [ヒント] Γ を一方の側に含む超平面 $ax+by+cz=d$ と解 $z(x, y)$ とに楕円型方程式の比較定理(補題2.1)を適用せよ.

3 $z(x, y)$ を極小曲面の方程式の解とする. 適当にパラメータ s, t を導入して, x, y, z を表わすと,

$$\frac{\partial^2 x}{\partial s^2}+\frac{\partial^2 x}{\partial t^2}=0,\qquad \frac{\partial^2 y}{\partial s^2}+\frac{\partial^2 y}{\partial t^2}=0,\qquad \frac{\partial^2 z}{\partial s^2}+\frac{\partial^2 z}{\partial t^2}=0\,;$$

$$\left(\frac{\partial x}{\partial s}\right)^2+\left(\frac{\partial y}{\partial s}\right)^2+\left(\frac{\partial z}{\partial s}\right)^2=\left(\frac{\partial x}{\partial t}\right)^2+\left(\frac{\partial y}{\partial t}\right)^2+\left(\frac{\partial z}{\partial t}\right)^2; \tag{1}$$

$$\frac{\partial x}{\partial s}\frac{\partial x}{\partial t}+\frac{\partial y}{\partial s}\frac{\partial y}{\partial t}+\frac{\partial z}{\partial s}\frac{\partial z}{\partial t}=0 \tag{2}$$

を満たすようにできることを示せ.

4 問題3で導入したパラメータ s, t は一般に互いに複素共役となることを確かめよ. $s=\xi+i\eta$ とおき,

$$e=x_\xi{}^2+y_\xi{}^2+z_\xi{}^2,$$
$$f=x_\xi x_\eta+y_\xi y_\eta+z_\xi z_\eta,$$
$$g=x_\eta{}^2+y_\eta{}^2+z_\eta{}^2$$

とする. このとき,

$$e-g=0,\qquad f=0 \tag{3}$$

を満たすことを示せ. [ヒント] (1), (2) を用いよ.

5 Ω を2次元領域, ϕ を $\partial\Omega$ 上で与えられた連続関数とし, x, y, z を単位円板 D: $\xi^2+\eta^2\leqq 1$ 上の点 (ξ, η) の, (3) を満たす C^1 関数とする. このとき, 単位円周: $\xi^2+\eta^2=1$ を Γ: $(x, y, \phi(x, y))$, $(x, y)\in\partial\Omega$, に写すとしよう. このとき, x, y, z の中での Dirichlet

積分

$$\frac{1}{2}\iint_D ({x_\xi}^2+{x_\eta}^2+{y_\xi}^2+{y_\eta}^2+{z_\xi}^2+{z_\eta}^2)\,d\xi d\eta$$

の最小値と，Γ によって張られる曲面 S の面積 A の最小値との関係を論ぜよ．［ヒント］ S が ξ と η の関数 x, y, z で与えられる場合，

$$A=\iint_D \sqrt{eg-f^2}\,d\xi d\eta$$

となる．

第3章　写像度と存在定理

§3.1　写像度の定義

Schauder の不動点定理と Leray-Schauder の写像度の理論は非線型楕円型方程式の解の存在を示す道具として極めて強力である．本章でこれらを解説しよう．区間 $[-1,1]$ 上で定義された実数値連続関数 $f(x)$ に対して，実数値 y が与えられたとき，方程式 $f(x)=y$ がいつ解をもつであろうか，という問題を考えてみる．区間 $[-1,1]$ のすべての点 x に対して，$-1\leqq f(x)+x-y\leqq 1$ が成立すれば，必ず解をもつ．実際，$-1\leqq f(x)+x-y\leqq a$ $(x\in[-1,a])$ となる a の下限を a_0 とすれば，$f(a_0)+a_0-y=a_0$ すなわち $f(a_0)=y$ となりこの a_0 が解である．これを Brouwer は n 次元空間に拡張した．すなわち，"f を $\boldsymbol{R}^n$ の有界で凸の閉集合 K 上で定義され，値を K にもつ連続関数とすれば，f は K に不動点をもつ" なる定理——Brouwer の不動点定理——を示した．Schauder[1] はこの定理を無限次元空間——Banach 空間——に拡張し，その応用として非線型楕円型方程式の解の存在を示した．他方，$[-1,1]$ 上の実数値連続関数 $f(x)$ が，もし $f(1)-y<0$, $f(-1)-y>0$ なる性質をもてば，必ず $f(x)=y$ は $[-1,1]$ の中に解をもつ．この考えを，写像度という概念を用いて n 次元空間に拡張することができる．Leray と Schauder[2] は，この写像度という概念を，無限次元空間——Banach 空間——に拡張し，種々の応用を与えた．

本節では，まず n 次元空間の中の写像 f の，点 p における写像度の定義から始める．定義とはいってもかなり面倒であるので次の三つの段階に分けて定義する．

a）f は滑らかで，p は特別な点の場合；

b）f は滑らかだが，p は一般の点の場合；

c）f も p も一般な場合．

まず a) の場合から始める．

---

1) Invarianz des Gebietes in Funktionalraumen, Studia Math. I (1929), 123.

2) Topologie et équations fonctionnelles, Annales de l'École Norm. Sup. **51** (1934), 45-78.

a) f が C^1 関数で，p は正則値の場合に対する写像度の定義

Ω を $\boldsymbol{R}^n$ の有界開集合とする．まず，$f \in C^1(\bar{\Omega})$ $(f=(f_1, \cdots, f_n))$ としよう．f の Jacobi 行列式：$J_f(x)=\det(\partial f_j/\partial x_k)$ が Ω の点 $x=x_0$ で 0 でないとき，x_0 を f の**正則点** (regular point) という．そうでない Ω の点 x を f の**臨界点** (critical point) という．また，$f^{-1}(p)$ が臨界点を含んでいるとき，$p \in \boldsymbol{R}^n$ を**臨界値** (critical value) という．臨界値でない点を**正則値** (regular value) という．p が正則値のとき f の**写像度** $\deg(f, \Omega, p)$ を，

$$\deg(f, \Omega, p) = \sum_{x \in f^{-1}(p)} \operatorname{sgn} J_f(x) \tag{3.1}$$

と定める．ただし，$f^{-1}(p)=\phi$ ならば $\deg(f, \Omega, p)=0$ とする．これは定義可能である．実際，$f(x)=p$ なる x が無限にあれば，$\bar{\Omega}$ はコンパクトであるから，集積点をもつ．それを x_0 とすれば，x_0 に収束し，$f(x_n)=p$ なる $\{x_n\}$ が存在するから，$f(x_0)=p$. p は正則値より，$J_f(x_0) \neq 0$ となり，陰関数の定理によって，x_0 の近傍で f は1対1である．これは $x_n \neq x_0$，$f(x_n)=p$ かつ $\{x_n\}$ は x_0 に収束することに反する．故に，$f^{-1}(p)$ は有限集合である．したがって，(3.1) は意味をもつ．

例 3.1[1)]　Ω を (x_1, x_2) 平面上の

$$0 < x_1 < 1, \quad -1 < x_2 < 1$$

なる領域とし，Ω で写像 f：

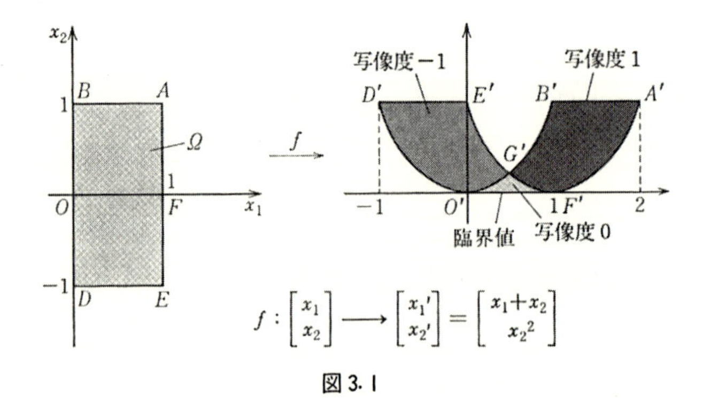

図 3.1

1) 南雲道夫：写像度と存在定理，河出書房 (1948) による．

$$x_1{}' = x_1 + x_2, \qquad x_2{}' = x_2{}^2$$

を考える(図3.1). $OF=\{(x_1, 0) \mid 0 \leqq x_1 \leqq 1\}$ 上の点はすべて f の臨界点, その像 $O'F'$ は f の臨界値である. 点 p が $A'B'G'F'A'$ の内側にあれば, $\deg(f, \Omega, p)=1$, $D'E'G'O'D'$ の内側にあれば, $\deg(f, \Omega, p)=-1$, $G'O'F'G'$ の内側にあれば, $\deg(f, \Omega, p)=0$. また $A'B'G'E'D'O'F'A'$ の外側でも $\deg(f, \Omega, p)=0$. ——

b) $f \in C^2(\bar{\Omega})$ で, p は一般の場合に対する写像度の定義

まず, 次の Sard の補題[1]から始めよう. (この補題は, $f \in C^1(\bar{\Omega})$ で成立.)

補題 3.1　臨界値の集合は, $\boldsymbol{R}^n$ の中で, 測度 0 である.

証明　Ω の中に含まれる立方体 C_0 を勝手にとる. 辺の長さを l としよう. 各辺を N 等分して C_0 を細分すると, N^n 個の立方体ができる. これらの細分された立方体の内で臨界点を含んでいるものの一つを C_N とし, そこに含まれる臨界点の一つを x とする. このとき任意の $y \in C_N$ に対して, $f \in C^1(\bar{\Omega})$ より,

$$f(y) = f(x) + \sum_{j=1}^{n} \frac{\partial f(x)}{\partial x_j}(y_j - x_j) + o\left(\frac{1}{N}\right) \tag{3.2}$$

となる. ただし, $o(\ )$ は Landau の記号を表わす[2]. x は臨界点であるから, $\det(\partial f_k(x)/\partial x_j)=0$. 故に, アフィン変換:

$$y \longrightarrow f(x) + \sum_{j=1}^{n} \frac{\partial f(x)}{\partial x_j}(y_j - x_j)$$

による C_N の像 A は, ある $n-1$ 次元超平面 Π に含まれる. A と, f による C_N の像との距離は, (3.2)式より $o(1/N)$ で評価される. ところが $M=\max|\partial f_k(y)/\partial y_j|$ $(y \in \bar{\Omega})$ とおくと, $y \in C_N$ より, $|x_j - y_j| \leqq l/N$ となるから, A は中心 $f(x)$, 半径 $\sqrt{n}Ml/N$ の $n-1$ 次元の球の中に含まれる. 故に $f(C_N)$ の体積は $o(1/N^n)$ で評価される. 臨界点を含む細分化された立方体の個数は高々 N^n 個であるから, それらを寄せ集めたもの $C_{0,N}{}'$ の f による像の体積は, $o(1/N^n) \times N^n = o(1)$ で評価される. $C_{0,N}{}'$ は C_0 の中に入っている臨界点をすべて含んでいるから, $N \to \infty$ とすることによって, C_0 に含まれる臨界点全体の f による像の体積は 0. C_0 は Ω に含まれる任意の立方体であったから, 結局, Ω に含まれる臨界点全体の

---

1) 一般の場合に対する説明に興味ある読者は, J. Milnor: Topology from the Differentiable Viewpoint, University Press of Virginia, Charlottesville (1965) を参照していただきたい.

2) 本講座“解析入門 I”, p. 108 参照.

集合の f による像の体積は0である．∎

p を臨界値とすると，上の補題より，p に収束する正則値の列 $\{p_m\}$ が存在する．$p \notin f(\partial\Omega)$ のとき，

$$\deg(f, \Omega, p) = \lim_{m\to\infty} \deg(f, \Omega, p_m) \tag{3.3}$$

と定義する．($\deg(f, \Omega, p_m)$ は (3.1) によって定義される.) これが定義されるためには，右辺が収束すること，および $\{p_m\}$ のとり方によらないことを示さなければならない．そのために，まず，p が正則値の場合に $\deg(f, \Omega, p)$ を積分表示する．

ψ_ε を，次の2条件を満たす C^1 級の関数とする：

$$\begin{cases} \text{(i)} & \displaystyle\int_{R^n} \psi_\varepsilon(y)dy = 1; \\ \text{(ii)} & \psi_\varepsilon \text{ の台は，中心 } p\text{，半径 } \varepsilon \text{ の球 } B(p, \varepsilon) \text{ の中に含まれる．} \end{cases} \tag{3.4}$$

このとき，

$$I_\varepsilon = \int_\Omega \psi_\varepsilon(f(x)) J_f(x) dx$$

と定めると，十分小さい ε に対して，

$$\deg(f, \Omega, p) = \int_\Omega \psi_\varepsilon(f(x)) J_f(x) dx \quad (\equiv I_\varepsilon) \tag{3.5}$$

が成立する．実際，$f^{-1}(p) = \{x_1, \cdots, x_k\}$ とする．ε を十分小さくとると，$U_\varepsilon(x_j)$ 上で $J_f(x)$ は一定符号，かつ，

$$f\colon\ U_\varepsilon(x_j) \longrightarrow B(p, \varepsilon) \qquad \text{(1 対 1，上への写像)}$$

となるような互いに素な x_j の近傍 $U_\varepsilon(x_j)$，$j=1, \cdots, k$，が存在する．$\psi_\varepsilon(f(x))$ は $\bigcup_{j=1}^{k} U_\varepsilon(x_j)$ の外で0となるから，

$$\begin{aligned} I_\varepsilon &= \sum_{j=1}^{k} \int_{U_\varepsilon(x_j)} \psi_\varepsilon(f(x)) J_f(x) dx \\ &= \sum_{j=1}^{k} \operatorname{sgn} J_f(x_j) \int_{U_\varepsilon(x_j)} \psi_\varepsilon(f(x)) |J_f(x)| dx \\ &= \sum_{j=1}^{k} \operatorname{sgn} J_f(x_j) \int_{B(p,\varepsilon)} \psi_\varepsilon(y) dy \qquad \text{(変数変換)} \\ &= \deg(f, \Omega, p) \end{aligned}$$

となる．すなわち，(3.5)を得た．この表示を用いて，$\deg(f,\Omega,p)$がpについて連続であることを示したい．そのために，いくつかの補題を用意する．

補題 3.2　ψを，$\boldsymbol{R}^n$の領域Ω'の中に台Kをもつ連続微分可能な関数とする．$y_0\in\boldsymbol{R}^n$とする．このとき，Kと$K-y_0$の凸包がΩ'に含まれると仮定すれば，

$$\psi(y)-\psi(y+y_0)=\sum_{j=1}^{n}\frac{\partial v_j(y)}{\partial y_j} \tag{3.6}$$

となる$v_j\in C_0^1(\Omega')$，$j=1,\cdots,n$，が存在する．ここで，$K-y_0$はKを$-y_0$だけ平行移動した集合，すなわち，

$$K-y_0=\{y-y_0\,|\,y\in K\}$$

である．

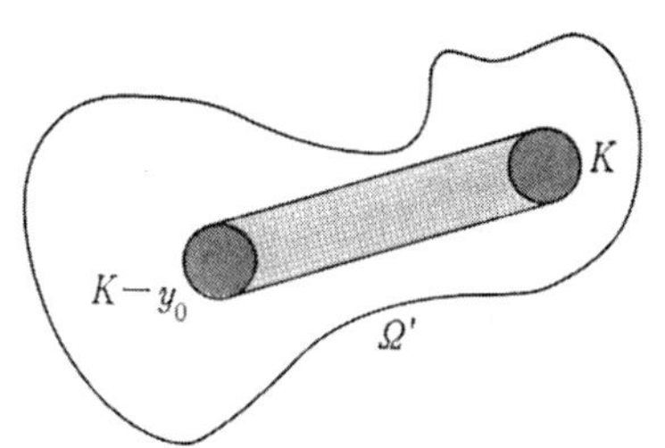

図 3.2

証明

$$\varphi(y)=\psi(y)-\psi(y+y_0),$$

$$\Psi(y)=-\int_0^1\psi(y+ty_0)dt$$

とおくと，求める$v=(v_1,\cdots,v_n)$はy_0のスカラー$\Psi(y)$倍，すなわち，

$$(v_1(y),\cdots,v_n(y))=\Psi(y)y_0$$

で与えられる．実際，Ψの台は，Kと$K-y_0$の凸包に入るから，vの台もKと$K-y_0$の凸包に入る．すなわち$v\in C_0^1(\Omega')$．次に(3.6)を示そう．まず，Ψは，

$$\Psi(y)=\int_{-\infty}^0\varphi(y+ty_0)dt$$

と書けることに注意する．直接計算により，

$$\sum_{j=1}^{n}\frac{\partial v_j(y)}{\partial y_j}=\sum_{j=1}^{n}y_{0,j}\frac{\partial\Psi(y)}{\partial y_j}$$

$$= \frac{d}{dt}\Psi(y+ty_0)\bigg|_{t=0}$$

$$= \int_{-\infty}^{0} \frac{d}{dt}\varphi(y+(t+s)y_0)\bigg|_{t=0} ds$$

$$= \int_{-\infty}^{0} \frac{d}{ds}\varphi(y+sy_0)ds$$

$$= \varphi(y)$$

$$= \psi(y)-\psi(y+y_0)$$

$(y_0=(y_{0,1}, \cdots, y_{0,n}))$ となる．これは (3.6) を示している．∎

補題 3.3　$f\in C^2(\Omega)\cap C(\bar{\Omega})$，$\psi\in C_0{}^1(\boldsymbol{R}^n)$ としよう．このとき，

$$\psi(y) = \sum_{j=1}^{n}\frac{\partial v_j(y)}{\partial y_j}$$

となる $v=(v_1, \cdots, v_n)\in C_0{}^1(\boldsymbol{R}^n)$ が存在したと仮定する．もし v の台が，$\partial\Omega$ の f による像 $f(\partial\Omega)$ に触れないならば，

$$\psi(f(x))J_f(x) = \sum_{j=1}^{n}\frac{\partial w_j(x)}{\partial x_j} \tag{3.7}$$

となる $w=(w_1, \cdots, w_n)\in C_0{}^1(\Omega)$ が存在する．

証明　Jacobi 行列 $(\partial f_j/\partial x_k)$ の (k, l) 成分に対応する余因子：

$$(-1)^{l+k}\frac{\partial(f_1, \cdots, f_{k-1}, f_{k+1}, \cdots, f_l, f_{l+1}, \cdots, f_n)}{\partial(x_1, \cdots, x_k, x_{k+1}, \cdots, x_{l-1}, x_{l+1}, \cdots, x_n)}$$

を $a^{k,l}$ とおくと，求める w は，

$$w_j(x) = \sum_{k=1}^{n} v_k(f(x))a^{k,j}(x) \qquad (j=1, 2, \cdots, n).$$

実際，境界 $\partial\Omega$ の近くの x に対する $f(x)$ と v_k の台とは離れているから，$w_j\in C_0{}^1(\Omega)$ となる．次に (3.7) を示そう．w_j の発散をとれば，

$$\sum_{j=1}^{n}\frac{\partial w_j(x)}{\partial x_j} = \sum_{j,k,l=1}^{n}\frac{\partial v_k(y)}{\partial y_l}\bigg|_{y=f(x)}\frac{\partial f_l(x)}{\partial x_j}a^{k,j}(x) + \sum_{j,k=1}^{n} v_k(f(x))\frac{\partial a^{k,j}(x)}{\partial x_j}. \tag{3.8}$$

しかるに，行列式の計算から，

$$\sum_{j=1}^{n}\frac{\partial f_l(x)}{\partial x_j}a^{k,j}(x) = \delta_{lk}J_f(x) \qquad (\delta_{lk}\text{: Kronecker のデルタ}), \tag{3.9}$$

$$(3.9)' \qquad \sum_{j=1}^{n}\frac{\partial a^{k,j}(x)}{\partial x_j}=0 \qquad (k=1,2,\cdots,n)$$

を得る．(3.9)は明らか．小行列式 $a^{k,j}$ を x_j について微分して，f の2階微分があらわれる列について展開してみれば，(3.9)′ の成立することがわかる．(第5章の補題5.3をみよ.)

故に，(3.8), (3.9), (3.9)′ より，

$$\sum_{j=1}^{n}\frac{\partial w_j(x)}{\partial x_j}=\sum_{k=1}^{n}\frac{\partial v_k(y)}{\partial y_k}\bigg|_{y=f(x)}J_f(x)$$
$$=\psi(f(x))J_f(x)$$

となり，これは(3.7)の成立を示している．▮

もう一つ補題を証明しておこう．

補題3.4 $f\in C^2(\Omega)\cap C(\bar{\Omega})$ とする．p_1, p_2 を $\boldsymbol{R}^n\setminus f(\partial\Omega)$ の同じ連結成分に属する正則値とすれば，

$$\deg(f,\Omega,p_1)=\deg(f,\Omega,p_2).$$

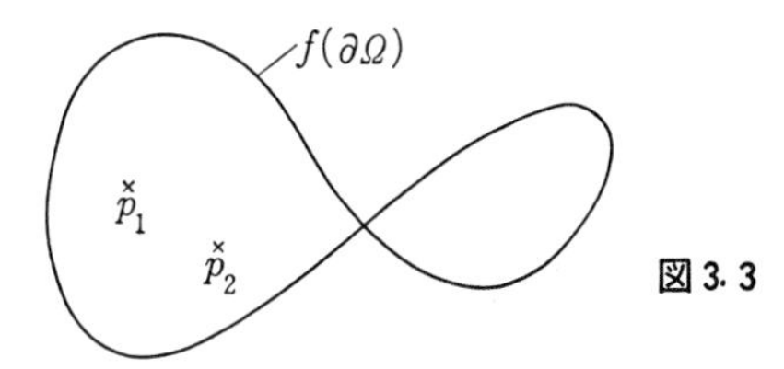

図3.3

証明 p_1 が属する $\boldsymbol{R}^n\setminus f(\partial\Omega)$ の連結成分を Ω' とし，$\partial\Omega'$ と p_1 との距離を δ としよう．$0<\varepsilon<\delta/2$ とする．p_1 に対して(3.4)を満たす関数 ψ_ε をとる．(3.5)より，$\deg(f,\Omega,p_1)$ は

$$\deg(f,\Omega,p_1)=\int_\Omega\psi_\varepsilon(f(x))J_f(x)dx$$

と表わされる．Sardの補題，すなわち補題3.1によれば，Ω' の中で正則値は稠密にあるから，中心 p_1，半径 ε の球 $B(p_1,\varepsilon)$ の中に正則値は稠密に存在する．p_2 をその一つとしよう．このとき，$\psi_\varepsilon(y+p_1-p_2)$ は，p を p_2 にすれば(3.4)を満たす．故に，

$$\deg(f,\Omega,p_2)=\int_\Omega\psi_\varepsilon(f(x)+p_1-p_2)J_f(x)dx$$

となる．ところが，y_0 を p_2-p_1，Ω' を $B(p_1, 2\varepsilon)$，K を $B(p_1, \varepsilon)$ としたときに，補題3.2の仮定を ψ_ε はすべて満足するから，

$$\varphi_\varepsilon(y) \equiv \psi_\varepsilon(y) - \psi_\varepsilon(y+p_1-p_2) = \sum_{j=1}^{n} \frac{\partial v_j(y)}{\partial y_j}$$

となる $v_j \in C_0{}^1(B(p_1, 2\varepsilon))$ が存在する．故に，補題3.3の仮定をすべて $\varphi_\varepsilon(y)$ は満たす．したがって，補題3.3より，

$$\varphi_\varepsilon(f(x))J_f(x) = \sum_{j=1}^{n} \frac{\partial w_j(x)}{\partial x_j}$$

となる $w_j \in C_0{}^1(\Omega)$ が存在する．故に，

$$\begin{aligned} &\deg(f, \Omega, p_1) - \deg(f, \Omega, p_2) \\ &= \int_\Omega \varphi_\varepsilon(f(x))J_f(x)dx \\ &= \sum_{j=1}^{n} \int_\Omega \frac{\partial w_j(x)}{\partial x_j} dx \\ &= 0 \end{aligned}$$

となる．すなわち，p_1 を中心とする半径 ε の球内にあるすべての正則値において，写像度は一致する．Ω' にある任意の p_2 に対し，p_1 と (Ω' 内で) 曲線で結ぶ．その曲線と $\partial\Omega'$ との距離を δ とし，中心がその曲線上にのっている半径 ε ($0<\varepsilon<\delta/2$) の有限個の球で，曲線を覆う．正則値は各球の中で稠密であること，および，それぞれの球内の正則値における写像度は一定であることより，p_2 における写像度と p_1 における写像度とが一致することがわかる．▮

上の補題より，$p \in \boldsymbol{R}^n \setminus f(\partial\Omega)$ に収束する正則値に対する写像度はすべて等しくなる．すなわち，$f \in C^2(\Omega) \cap C(\bar{\Omega})$ なる条件の下で，(3.3) は定義される．かくして，一般の p に対して写像度が定義された．これらにも積分表示 (3.5) が成立する．この積分表示について注意を述べておく．補題3.3と次の補題を用いて，$\deg(f, \Omega, p)$ の積分表示に用いる ψ_ε の ε が，p と $f(\partial\Omega)$ との距離 δ に対し，$\delta/\sqrt{n}$ 以下ならば，表示は有効であることをみよう．(実は，以下の議論を多少変更すれば δ 以下でも成立する.) 補題を準備する．

補題 3.5　$\psi(y) \in C^1(\boldsymbol{R}^n)$ が，

$$\int_{\boldsymbol{R}^n} \psi(y)dy = 0$$

を満たし，台が，ある立方体 ω の中に含まれるならば，

$$\psi(y)=\sum_{j=1}^{n}\frac{\partial v_j(y)}{\partial y_j}$$

を満たし，台が ω に含まれる $C^1(\boldsymbol{R}^n)$ 関数 v_j $(j=1,\cdots,n)$ が存在する．

証明 n に関する帰納法で示す．$n=1$ の場合，

$$v_1(y)=\int_{-\infty}^{y}\psi(z)dz$$

とすればよい．n の時成立すると仮定しよう．$y_{n+1}=t$，$(y,t)=(y_1,\cdots,y_n,t)$ とおく．十分大きくとればよいから，$n+1$ 次元の立方体 ω として $\omega=\omega'\times[a_{n+1},b_{n+1}]$ としてよい．ここで ω' は $\omega'=[a_1,b_1]\times\cdots\times[a_n,b_n]$ なる n 次元立方体である．このとき，

$$m(y)=\int_{-\infty}^{\infty}\psi(y,t)dt$$

とおくと，m は $\int m(y)dy=0$ なる式を満たす $C^1(\boldsymbol{R}^n)$ 関数で，台は ω' に含まれる．故に，帰納法の仮定より，

$$m(y)=\sum_{j=1}^{n}\frac{\partial w_j(y)}{\partial y_j}$$

を満たし，台が ω' に含まれる C^1 関数 w_j $(j=1,\cdots,n)$ が存在する．$g(t)$ を，台が $[a_{n+1},b_{n+1}]$ に含まれ，

$$\int_{-\infty}^{\infty}g(t)dt=1$$

を満たす C^∞ 関数とする．これに対して，$\psi(y,t)-g(t)m(y)$ は，t について積分したら0となるから，

$$v_{n+1}(y,t)=\int_{-\infty}^{t}(\psi(y,s)-g(s)m(y))ds,$$

$$v_j(y,t)=w_j(y)g(t)\qquad(j=1,\cdots,n)$$

とおくと，$(v_1,\cdots,v_{n+1})$ は

$$\sum_{j=1}^{n}\frac{\partial v_j(y,t)}{\partial y_j}+\frac{\partial v_{n+1}(y,t)}{\partial t}=\psi(y,t)$$

を満たし ω に台をもつ C^1 関数となることが容易にわかる．故に $n+1$ でも補題は成立する．▮

以上の準備のもとに(3.5)は $0<\varepsilon<\delta/\sqrt{n}$ に対する ψ_ε でも成立することを示そう．すなわち，

$$\deg(f,\Omega,p)=\int_\Omega \psi_\varepsilon(f(x))J_f(x)dx. \tag{3.10}$$

$0<\varepsilon_0<\delta/\sqrt{n}$ なる ε_0 に対し(3.4)を満たす ψ_{ε_0} を ψ_0 とおく．十分小さい ε に対し(3.4)を満たす ψ_ε をとれば $\psi_0-\psi_\varepsilon$ は，$\boldsymbol{R}^n$ 上の積分の値が0で，台は1辺の長さ $2\delta/\sqrt{n}$ の立方体の内部に含まれる C^1 関数である．補題3.5より，$\psi_0-\psi_\varepsilon=\sum\partial v_j/\partial y_j$ を満たし，台が上のごとき立方体に含まれる C^1 関数 v_j が存在する．中心 p，1辺の長さ $2\delta/\sqrt{n}$ の立方体に含まれる集合は，$f(\partial\Omega)$ に触れないから，ψ を $\psi_0-\psi_\varepsilon$ として補題3.3を適用できる．すなわち，

$$\psi_0(f(x))J_f(x)-\psi_\varepsilon(f(x))J_f(x)=\sum_{j=1}^n\frac{\partial w_j(x)}{\partial x_j}$$

を満たす $w_j\in C_0{}^1(\Omega)$ が存在する．上の等式を両辺 x について積分すれば，十分小さい ε に対し(3.10)が成立するから，

$$\int_\Omega\psi_0(f(x))J_f(x)dx-\deg(f,\Omega,p)=\sum_{j=1}^n\int_\Omega\frac{\partial w_j(x)}{\partial x_j}dx=0.$$

よって，

$$\deg(f,\Omega,p)=\int_\Omega\psi_0(f(x))J_f(x)dx$$

を得る．

以上まとめると，$f\in C^2(\Omega)$ という仮定の下で，次の命題を示したことになる．

命題 3.1 $f\in C(\bar{\Omega})$ とする．p は $f(\partial\Omega)$ に触れていない $\boldsymbol{R}^n$ の点とする．δ を p と $f(\partial\Omega)$ との距離とする．このとき，次のことがいえる．

(i) $\deg(f,\Omega,p)$ $(f\in C^1(\Omega))$ は，

$$\deg(f,\Omega,p)=\int_\Omega\psi_\varepsilon(f(x))J_f(x)dx$$

で与えられる．ここで，ψ_ε $(0<\varepsilon<\delta/\sqrt{n})$ は(3.4)を満たす任意の関数である．

(ii) $\deg(f,\Omega,p)$ は，p の関数とみて，$\boldsymbol{R}^n\setminus f(\partial\Omega)$ の各連結成分の上で一定である．

(iii) もし p が正則値ならば，

$$\deg(f, \Omega, p) = \sum_{j=1}^{k} \operatorname{sgn} J_f(x_j)$$

(ただし $f^{-1}(p) = \{x_1, \cdots, x_k\}$) である. ——

c) f も p も一般の場合の写像度の定義

これまで, $f \in C^2(\Omega)$ という仮定の下で, 写像度の定義と命題 3.1 を示した. 写像度はホモトピー不変であるという性質を用いてこの人為的な仮定を取り除こう. すなわち, 次の補題を示そう.

補題 3.6 (ホモトピー不変性)　連続写像 $f_t(x) : \bar{\Omega} \times [0, 1] \to \boldsymbol{R}^n$ が以下の仮定を満たすとする.

(i)　各 t に対し $f_t(x)$ は x の関数とみて C^2 級である;

(ii)　すべての t に対して, $p \notin f_t(\partial\Omega)$.

このとき, $\deg(f_t, \Omega, p)$ は t によらない一定の整数である.

証明　柱状領域 $\Omega \times [0, 1]$ の側面 $\partial\Omega \times [0, 1]$ の $f_t(x)$ による像:

$$\{f_t(x) \mid x \in \partial\Omega,\ 0 \leqq t \leqq 1\}$$

が p に触れていないから, p との距離 δ は正である. $0 < \varepsilon < \delta/\sqrt{n}$ なる ε に対応して, (3.4) を満たす ψ_ε をとる. 各 t に対して $f_t(\partial\Omega)$ と p との距離は δ 以上である. $f_t \in C^2(\Omega)$ より, 命題 3.1 を適用すれば,

$$\deg(f_t, \Omega, p) = \int_\Omega \psi_\varepsilon(f_t(x)) J_{f_t}(x) dx$$

となる. この右辺は, t の連続関数, 他方, 左辺は整数値関数であるから, すべての t に対し, 左辺は一定とならざるをえない. ∎

さて, 上の補題を用いて, $f \in C^2$ という仮定をはずそう. $p \in \boldsymbol{R}^n$ に対し, $p \notin f(\partial\Omega)$ なる $f \in C(\bar{\Omega})$ を考える. このとき, f に一様収束する関数列 $f_n \in C^2(\Omega) \cap C(\bar{\Omega})$ が存在する. δ を p と $f(\partial\Omega)$ との距離とし, $|f_n(x) - f(x)| < \delta$ ($x \in \partial\Omega$, $n > N$) くらいに N を十分大きくとる. 補題 3.6 のホモトピー $f_t(x)$ として,

$$f_t(x) = tf_n(x) + (1-t)f_m(x) \qquad (m, n > N)$$

と定めれば, $x \in \partial\Omega$ と $0 \leqq t \leqq 1$ に対して,

$$\begin{aligned} |f_t(x) - p| &= |f(x) - p + t(f_n(x) - f(x)) + (1-t)(f_m(x) - f(x))| \\ &> \delta - t\delta - (1-t)\delta = 0 \end{aligned}$$

となるから, すべての t に対し $p \notin f_t(\partial\Omega)$. その上, 各 t に対し, $f_t(x) \in C^2$ と

なるから，補題3.6が適用できる．すなわち，

$$\deg(f_n, \Omega, p) = \deg(f_m, \Omega, p).$$

よって，

$$\deg(f, \Omega, p) = \lim_{n\to\infty} \deg(f_n, \Omega, p)$$

と定める．しかも，これは，fを近似する近似列のとり方によらない．実際，上にみた通り $|g_j(x)-f(x)|<\delta$ $(x\in\partial\Omega)$ を満たす任意の $g_0, g_1\in C^2(\Omega)\cap C(\bar{\Omega})$ に対して，ホモトピーが構成できたわけであるから，$\deg(g_0, \Omega, p)=\deg(g_1, \Omega, p)$ となるからである．よって連続写像に対し，写像度ができたわけである．かく定義した写像度 $\deg(f, \Omega, p)$ が $\boldsymbol{R}^n\setminus f(\partial\Omega)$ の各連結成分上一定となることも，容易に示される．

§3.2　写像度の性質

写像度は多くの重要な性質をもっているが，ホモトピー不変性，不動点定理などの基本的なものを幾つか述べよう．前節と同様，以下では $p\in\boldsymbol{R}^n$ とし，f は $\boldsymbol{R}^n$ の有界開集合 Ω の閉包 $\bar{\Omega}$ で定義された連続関数とする．また，$f(\partial\Omega)$ が p に触れないと仮定する．

a）ホモトピー不変性

$\deg(f, \Omega, p)$ が f, p にいかに依存しているかをみよう．

命題3.2　(1)　**(連続性)**　$\deg(f, \Omega, p)$ は，$f\in C(\bar{\Omega})$ と $p\in\Omega$ について連続関数である．($C(\bar{\Omega})$ の位相は，一様収束位相.)

(2)　**(境界値に対する依存性)**　$\deg(f, \Omega, p)$ は f の境界 $\partial\Omega$ 上の値によって一意的に決定される．

(3)　**(ホモトピー不変性)**　$\deg(f, \Omega, p)$ は，$f:\partial\Omega\to\boldsymbol{R}^n\setminus\{p\}$ なる連続写像のホモトピー類にのみ依存する．すなわち，$\varphi_0, \varphi_1\in C(\partial\Omega;\boldsymbol{R}^n\setminus\{p\})$ とする．$h(0, x)=\varphi_0(x)$，$h(1, x)=\varphi_1(x)$ となる $h\in C([0,1]\times\partial\Omega;\boldsymbol{R}^n\setminus\{p\})$ が存在すると仮定する．f_0, f_1 を φ_0, φ_1 のそれぞれ $\bar{\Omega}$ への連続的拡張とする．このとき，

$$\deg(f_0, \Omega, p) = \deg(f_1, \Omega, p). \tag{3.11}$$

証明　まず，(3)を示そう．柱状領域 $[0,1]\times\Omega$ の境界を $\Gamma_0, \Gamma_1, \Gamma_2$ とする．ここで，$\Gamma_0=\{0\}\times\Omega$，$\Gamma_1=\{1\}\times\Omega$，$\Gamma_2=[0,1]\times\partial\Omega$ である．底面 Γ_0 上で f_0，

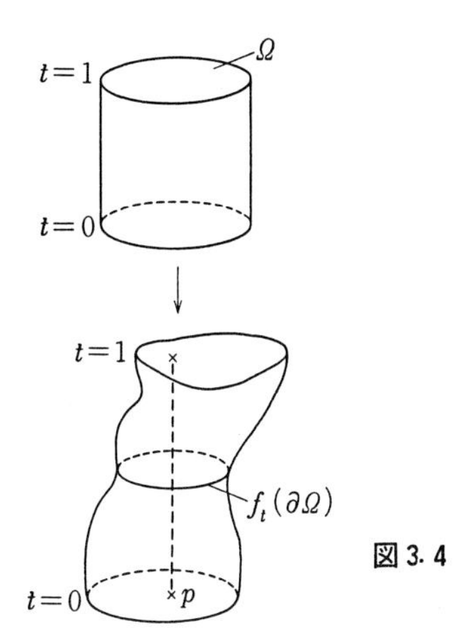

図 3.4

上面 Γ_1 上で f_1，側面 Γ_2 上で $h(t,x)$ が与えられているが，これらの境界上で与えられた関数を $[0,1]\times\bar{\Omega}$ に連続的に拡張する．拡張された関数を $f_t(x)$ とおこう．この関数を $f_{t,n}(x)\in C^2([0,1]\times\Omega)$ で $[0,1]\times\bar{\Omega}$ 上一様近似する．十分大きく n をとれば，この $f_{t,n}(x)$ は補題3.6の仮定をすべて満たすから

$$\deg(f_{0,n},\Omega,p)=\deg(f_{t,n},\Omega,p)=\deg(f_{1,n},\Omega,p).$$

ここで，$n\to\infty$ とすれば，求める式(3.11)を得る．

(2)は，(3)より明らか．(1)を示す．$f_k\to f$, $p_k\to p$ $(f_k\in C(\bar{\Omega}))$ としよう．十分大きく k をとれば，$tf(x)+(1-t)f_k(x)\neq p$ $(0\leqq t\leqq 1,\ x\in\partial\Omega)$．故に，(3)より，$\deg(f_k,\Omega,p)=\deg(f,\Omega,p)$．また，上式より，$p$ を中心とした十分小さい半径の球は，十分大きい k に対し，$f_k(\partial\Omega)$ に触れないことがわかる．$p_k\to p$ であるから，p_k は，十分大きい k に対し，上のごとき球の内に入る．すなわち，十分大きい k に対し，p と p_k は，$\boldsymbol{R}^n\setminus f_k(\partial\Omega)$ の同じ連結成分に入る．命題3.1より，$\deg(f_k,\Omega,p)=\deg(f_k,\Omega,p_k)$．故に，十分大きな k に対し，$\deg(f_k,\Omega,p_k)=\deg(f,\Omega,p)$ となる．これは(1)を示している．∎

b）領域に対する依存性

$\deg(f,\Omega,p)$ が Ω にいかに依存するかをみよう．

命題 3.3　(1)　**(領域の分解)**　Ω に含まれる互いに素な開集合を Ω_j $(j=1,2,\cdots)$ とする．$p\notin f\left(\bar{\Omega}\setminus\bigcup_{j=1}^{\infty}\Omega_j\right)$ と仮定すると，

$$\deg(f,\Omega,p)=\sum_j \deg(f,\Omega_j,p).$$

(2) **(カルテシアン積の公式)**　Ω_j を $\boldsymbol{R}^{n_j}$ の有界領域，$p_j\in\boldsymbol{R}^{n_j}$ $(j=1,2)$ とする．$f_j\in C(\bar{\Omega}_j)$ が $p_j\notin f_j(\partial\Omega_j)$ を満たすならば，

$$\deg((f_1,f_2),\Omega_1\times\Omega_2,(p_1,p_2))=\deg(f_1,\Omega_1,p_1)\deg(f_2,\Omega_2,p_2).$$

(3) もし，$\deg(f,\Omega,p)\neq 0$ ならば，$f(x)=p$ は $\bar{\Omega}$ において解をもつ．

証明　(3)は，もし解をもたなければ $\deg(f,\Omega,p)=0$ となるから明らか．(1)，(2)は，恒等式より，$f\in C^1(\Omega)\cap C(\bar{\Omega})$，正則値の p に対して示せば十分である．(極限操作をせよ.)　(3.1)より，

$$\deg(f,\Omega,p)=\sum_{x\in f^{-1}(p)}\operatorname{sgn}J_f(x)=\sum_j\sum_{x\in\Omega_j\cap f^{-1}(p)}\operatorname{sgn}J_f(x)$$
$$=\sum_j \deg(f,\Omega_j,p).$$

これは，(1)を示している．(2)を示そう．

$$\deg((f_1,f_2),\Omega_1\times\Omega_2,(p_1,p_2))$$
$$=\sum_{\substack{x_1\in f_1^{-1}(p_1)\\ x_2\in f_2^{-1}(p_2)}}\operatorname{sgn}\det\begin{bmatrix} f_1\text{ の Jacobi 行列} & 0\\ 0 & f_2\text{ の Jacobi 行列}\end{bmatrix}$$
$$=\left[\sum_{x_1\in f_1^{-1}(p_1)}\operatorname{sgn}J_{f_1}(x)\right]\left[\sum_{x_2\in f_2^{-1}(p_2)}\operatorname{sgn}J_{f_2}(x)\right]$$
$$=\deg(f_1,\Omega_1,p_1)\deg(f_2,\Omega_2,p_2)$$

となる．これは(2)を示している．▌

c) Brouwer の不動点定理

原点を中心にもつ $\boldsymbol{R}^n$ の半径 r の開球を B_r で表わそう．

補題 3.7　f を，$\bar{B}_r$ から $\boldsymbol{R}^n$ への連続写像とする．もし球面 ∂B_r 上のベクトル x と $f(x)$ との方向が逆にならないならば，すなわち，

$$f(x)+\lambda x\neq 0\qquad(\lambda\geqq 0,\ x\in\partial B_r)$$

のとき，$f(x)=0$ は B_r の内部に解をもつ．

証明　仮定より，$f(x)\neq 0$ $(x\in\partial B_r)$ であるから，$\deg(f,B_r,0)$ が定義できる．

$$f_t(x)=tf(x)+(1-t)x\qquad(0\leqq t\leqq 1)$$

を用いて f を変形する．仮定より，$f_t(x)\neq 0$ $(x\in\partial B_r)$ となるから，$(f_0(x)=x$ と定めると)

$$\deg(f,B_r,0)=\deg(f_t,B_r,0)=\deg(f_0,B_r,0)=1.$$

仮定より ∂B_r 上では解をもたないから，命題3.3より，f は B_r の内部で解をもつ．∎

この補題を用いて，Brouwer の不動点定理の特別な場合を次に示そう．

補題 3.8 f が，球面 ∂B_r を閉球 $\bar{B}_r$ に写す（すなわち，$f(\partial B_r)\subset\bar{B}_r$）$\bar{B}_r$ 上の連続写像ならば，f は $\bar{B}_r$ に不動点をもつ．

証明 $g(x)=x-f(x)$ $(x\in\partial B_r)$ と定める．もし $g(x)=0$ となる点 x が ∂B_r 上に存在すれば，証明は終る．もし存在しなければ，すなわち $g(x)\neq 0$ $(x\in\partial B_r)$ ならば，$g(x)$ と ∂B_r 上のベクトル x とは方向が逆にならない．実際，$g(x)=-\lambda x$ なる $\lambda>0$ が存在したとすれば，$x-f(x)+\lambda x=0$. 故に，$f(x)=(\lambda+1)x$. 故に，$|f(x)|=(\lambda+1)|x|=(\lambda+1)r>r$ となり，$f(x)\in B_r$ に反するからである．補題3.7を適用すれば，この場合，$f(x)$ は B_r の内部に解をもつことがわかる．∎

この補題を，もっと一般の場合に拡張しよう．

定理 3.1（**Brouwer の不動点定理**） Ω を $\boldsymbol{R}^n$ の有界な凸閉集合とする．Ω から Ω への連続写像 f は不動点をもつ．

証明 Ω を含む十分大きな球 $B_a=\{x\,|\,|x|<a\}$ をとる．Ω は有界な凸閉集合であるから，$x\in\bar{B}_a$ に対して，x と Ω との距離が，

$$|x-y| = \min_{z\in\Omega}|x-z|$$

となる $y\in\Omega$ がただ一つ存在する．x から y への対応を $g(x)$ とする．$f(g(x))$

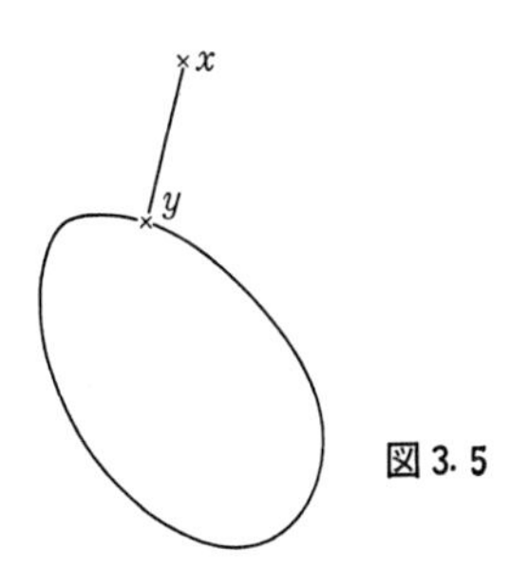

図 3.5

は，$\bar{B}_a$ から $\Omega\subset B_a$ への写像であることは明らかである．$f(g(x))$，すなわち $g(x)$ の連続性が示されれば，補題3.8によって，$f(g)$ は $\bar{B}_a$ に不動点 x_0 をもつ．すなわち，

$$f(g(x_0)) = x_0.$$

しかるに，$f(g(x))\in\Omega$ であるから，$x_0\in\Omega$．Ω の点 x に対しては，$g(x)=x$ より，$g(x_0)=x_0$．故に，$f(x_0)=x_0$ となる．すなわち，f は Ω に不動点をもつ．g の連続性を示そう．$g(x_1)=y_1$，$g(x_2)=y_2$ とおくと，Ω は凸より $y_1+\lambda(y_2-y_1)\in\Omega$，$y_2+\lambda(y_1-y_2)\in\Omega$ $(0\leqq\lambda\leqq1)$．故に，

$$|x_2-(y_2+\lambda(y_1-y_2))|^2\geqq|y_2-x_2|^2,$$
$$|x_1-(y_1+\lambda(y_2-y_1))|^2\geqq|y_1-x_1|^2$$

となる．この両式を加えて，2λ で割り，$\lambda\downarrow0$ とすれば，

$$|y_1-y_2|^2\leqq(y_1-y_2,x_1-x_2)\leqq|y_1-y_2||x_1-x_2|$$

を得る．両辺を $|y_1-y_2|$ で割れば，$|y_1-y_2|\leqq|x_1-x_2|$ すなわち $|g(x_1)-g(x_2)|\leqq|x_1-x_2|$ を得る．これより，g の連続性が導かれる．▌

別証明　上の定理を直接示すことができる．$\boldsymbol{R}^m$ を，Ω を含む最小次元の線型空間とすると，Ω は，$\boldsymbol{R}^m$ において内点をもつ．それを原点 O としよう．そこで，$f_t(x)=x-tf(x)$ とおけば，$O\in f_1(\partial\Omega)$ のとき定理は成立．$O\notin f_1(\partial\Omega)$ のとき，$O\notin f_t(\partial\Omega)$ $(0\leqq t\leqq1)$ となる．実際，もし $O\in f_t(\partial\Omega)$ ならば，$x_t=tf(x_t)$ を満たす t $(0\leqq t<1)$ と x_t $(\in\partial\Omega)$ が存在する．$f(x_t)\in\Omega$ であることと O が内点のことより，$tf(x_t)$ も内点である．これは x_t $(=tf(x_t))$ が内点であることを意味し，

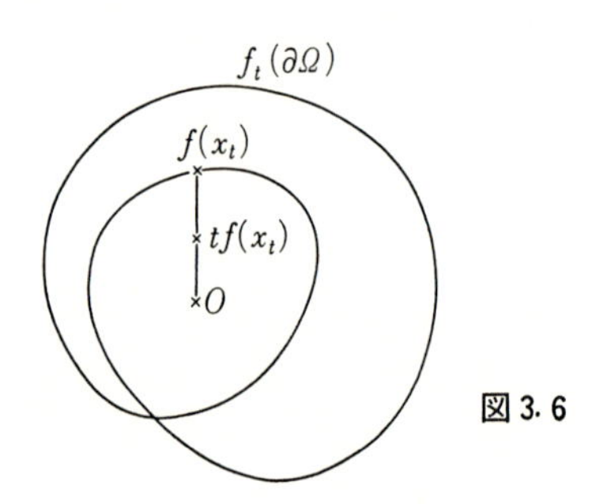

図 3.6

矛盾．故に，

$$\deg(f_1,\Omega,O)=\deg(f_t,\Omega,O)=\deg(f_0,\Omega,O)=1.$$

これは，命題3.3より f_1 が Ω 内に零点をもつことを意味する．すなわち，f は Ω に不動点をもつ．▌

§3.3 Schauder の不動点定理

有限次元空間に対してこれまでに得られた結果，特に Brouwer の不動点定理と写像度の概念を無限次元空間に拡張したい．この節では，Brouwer の不動点定理を，無限次元空間へ拡張した定理，すなわち Schauder の不動点定理と，非線型楕円型方程式の解の存在への応用を示そう．

Banach 空間[1] X の中の作用素 f を一般的に考えるのは種々の困難を伴う．それ故 f を制限しよう．f を Banach 空間 X の部分集合 S で定義され Banach 空間 Y に値をもつ作用素とする．任意の $x \in S$ に対し，もし $\{x_n\}$ $(x_n \in S)$ が x に X のノルムで収束すれば，$\{f(x_n)\}$ は $f(x)$ に Y のノルムで収束するとき，f を (S 上で) **連続作用素**という．任意の有界閉集合 Ω $(\subset S)$ に対し，$f(\Omega)$ の閉包がコンパクト集合であるとき，連続作用素 f を**コンパクト作用素**という．f の値域 $f(S)=\{f(x) \mid x \in S\}$ が Y の有限次元部分空間に含まれるとき，連続作用素 f を**有限次元的作用素**という．

例 3.2 X, Y を連続関数の空間 $C[0,1]$ とする．$k(x,y)$ を $[0,1]\times[0,1]$ 上の連続関数とする．このとき，作用素

$$f(u(t)) = \int_0^1 k(t,s)u(s)^2 ds$$

はコンパクト作用素である．——

例 3.3 $X=Y=C[0,1]$．作用素

$$f(u(t)) = tu(0) + \int_0^1 u(s)^2 ds$$

は有限次元的作用素である．——

前節で述べた有限次元空間の理論を無限次元空間に拡張するためにはコンパクト作用素が有限次元的作用素で近似できるという事実が基本的である．すなわち，次の定理 3.2 が成り立つ．

定理 3.2 Ω を X の中の有界閉集合とする．このとき，Ω から Y への作用素 f がコンパクトとなるための必要かつ十分な条件は，f がコンパクトな有限次元的作用素の一様収束極限であることである．

証明 必要性：仮定より，任意の $\varepsilon>0$ に対し $\overline{f(\Omega)}$ は半径 ε で，中心を $\overline{f(\Omega)}$

1) Banach 空間の元を x で，ノルムを $\| \ \|$ で表わす．

の中にもつ有限個の開球で覆われる．それを $B_1, \cdots, B_{j(\varepsilon)}$ としよう．$\psi_j(x)$ を被覆 $\{B_j\}$ に従属する単位の分解とする．すなわち，$\psi_i(y) \geqq 0$ は非負連続関数で

$$\sum_{i=1}^{j(\varepsilon)} \psi_i(y) = 1 \quad (y \in f(\Omega)), \qquad \psi_i(y) = 0 \quad (y \notin B_i).$$

$$f_\varepsilon(x) = \sum_{i=1}^{j(\varepsilon)} \psi_i(f(x)) y_i \qquad (y_i\colon B_i \text{ の中心}) \tag{3.12}$$

とおくと，f_ε の値域は $y_1, \cdots, y_{j(\varepsilon)}$ の凸包に含まれる．さらに，

$$\|f(x)-f_\varepsilon(x)\| = \left\| \sum_{i=1}^{j(\varepsilon)} \psi_i(f(x))[y_i - f(x)] \right\| \qquad (x \in \Omega).$$

もし $\psi_i(f(x))>0$ ならば，$f(x) \in B_i$．故に，$\|y_i-f(x)\|<\varepsilon$．したがって，

$$\|f(x)-f_\varepsilon(x)\| \leqq \varepsilon \sum_{i=1}^{j(\varepsilon)} \psi_i(f(x)) = \varepsilon \qquad (x \in \Omega).$$

f_ε はコンパクトな有限次元的作用素であるから，必要性が示された．

十分性：まず，$\|f(x)-f_m(x)\| \leqq 1/m$ $(x \in \Omega)$ と，f を一様近似する有限次元的作用素 $\{f_m\}$ をとる．f_m はコンパクトである．このとき，f_m のコンパクト性より，$f_m(\Omega)$ は有界集合で，かつ有限次元空間に含まれる．目的は，任意の有界点列 $y_k \in f(\Omega)$ に対し，収束する部分点列がとりだせることである．まず，$y_k = f(x_k)$ なる $x_k \in \Omega$ が存在する．f_1 はコンパクトより，$\{f_1(x_k)\}$ より収束する部分列 $\{f_1(x_{k,1})\}$ がとりだせる．f_2 もコンパクトより $\{x_{k,1}\}$ の中から，部分列を適当にとりだせば，$\{f_2(x_{k,2})\}$ が収束列となる．以下同様にして，$\{x_{k,l}\}$ がとりだせて，$\{f_j(x_{k,l})\}$ $(j=1,2,\cdots,l)$ が収束するようにできる．$x_{k,k}$ を改めて x_k とおくと，$\{f(x_k)\}$ が収束列となる．これは，

$$\begin{aligned}\|f(x_k)-f(x_j)\| &\leqq \|f(x_k)-f_m(x_k)\| + \|f_m(x_k)-f_m(x_j)\| \\ &\quad + \|f_m(x_j)-f(x_j)\| \\ &\leqq \frac{2}{m} + \|f_m(x_k)-f_m(x_j)\|\end{aligned}$$

および，$\|f_m(x_k)-f_m(x_j)\| \to 0$ $(k, j \to \infty)$ となることよりわかる．すなわち $f(\Omega)$ はプレコンパクト，いいかえると，$\overline{f(\Omega)}$ はコンパクトである．連続作用素 $\{f_n\}$ の一様収束極限である f は連続である．▌

定理 3.3(**Schauder の不動点定理**) Ω を X の凸な有界閉部分集合とする．もし f が Ω から Ω へのコンパクト作用素ならば，f は Ω に不動点をもつ．

証明 f_ε, $\{y_i\}_{i=1}^{j(\varepsilon)}$ を定理 3.2 の証明中の通りとする．X_ε を $y_1, \cdots, y_{j(\varepsilon)}$ で張られた線型空間とすると，(3.12) より，$f_\varepsilon(\Omega) \subset X_\varepsilon$．他方，$y_i \in \overline{f(\Omega)} \subset \Omega$ であるから，Ω の凸性より $f_\varepsilon(\Omega) \subset \Omega$. 故に，$f_\varepsilon$ は有限次元空間の有界凸閉集合 $X_\varepsilon \cap \Omega$ をそれ自身に写す．よって，Brouwer の不動点定理が適用できる．すなわち f_ε は $X_\varepsilon \cap \Omega$ の中に不動点 x_ε をもつ：$f_\varepsilon(x_\varepsilon) = x_\varepsilon$．$x_\varepsilon$ は有界集合 Ω の点であるから，f のコンパクト性より，$\{f(x_\varepsilon)\}$ は収束する部分列 $\{f(x_{\varepsilon'})\}$ をもつ．この $x_{\varepsilon'}$ を改めて x_ε とおくと，

$$\|x_\varepsilon - f(x_\varepsilon)\| \leqq \|x_\varepsilon - f_\varepsilon(x_\varepsilon)\| + \|f_\varepsilon(x_\varepsilon) - f(x_\varepsilon)\| < \varepsilon. \tag{3.13}$$

故に，$\{f(x_\varepsilon)\}$ の収束性より $\{x_\varepsilon\}$ も収束列となる．$\{x_\varepsilon\}$ の極限を x_0，$\{f(x_\varepsilon)\}$ の極限を y_0 とおくと，(3.13) 式より，$x_0 = y_0$ となることがわかる．他方，f の連続性と $f(x_\varepsilon) \to y_0$，$x_\varepsilon \to x_0$ より，$y_0 = f(x_0)$．故に，$x_0 = f(x_0)$ を得る．∎

例 3.4 $\boldsymbol{R}^3$ の単位球 B の中で，境界値問題：

$$\begin{cases} \triangle u = f(u) & (x \in B), \\ u = g(x) & (x \in \partial B) \end{cases} \tag{3.14}$$

を考える．ここで，g は境界 $S = \partial B$ 上で与えられた Hölder 連続な関数，f は $f(a) \leqq 0 \leqq f(b)$ を満たす $C^1[a, b]$ 級の関数である．この境界値問題を定理 3.3 の応用として解こう．すなわち次の定理を証明しよう．

定理 3.4 上の仮定の下で，$a \leqq g(x) \leqq b$ $(x \in S)$ ならば，(3.14) を満たす解が存在する．

証明 Newton ポテンシャルに関する基礎的事項を思い出してみよう．h を $\bar{B}$ で連続な関数，g を B の境界 S 上で Hölder 連続な関数とする．このとき，Poisson 方程式に対する境界値問題：

$$\begin{cases} \triangle u = h(x) & (x \in B), \\ u(x) = g(x) & (x \in S) \end{cases} \tag{3.15}$$

を考える．Green 関数 $G(x, y)$ を用いて，関数 u を，

$$u(x) = \int_B G(x, y) h(y) dy + \int_S \frac{\partial}{\partial n_y} G(x, y) g(y) dS_y \tag{3.16}$$

($\partial/\partial n_y$ は y についての外向き法線微分) と定めると，次のことがいえる．

(1) Green 関数は，

$$\int_B |G(x, y)| dy \leqq M_0,$$

$$\int_B \left| \frac{\partial}{\partial x_j} G(x, y) \right| dy \leqq M_0 \qquad (j=1, 2, 3,\ M_0\text{: 正定数});$$

(2)　u は $C^1(B) \cap C(\bar{B})$ に属する関数である；

(3)　(3.16) の右辺第2項は，B の内部で連続微分可能で，調和関数である；

(4)　もし h が $\bar{B}$ 上で Hölder 連続ならば，u は，B の内部で2回微分可能，その2階微分はそこで Hölder 連続となる．その上，方程式 (3.15) を満たす．

さて $f(t)$ を $-\infty < t < \infty$ まで延長しよう：

$$f^*(t) = \begin{cases} f(b) & (t > b), \\ f(t) & (a \leqq t \leqq b), \\ f(a) & (t < a). \end{cases}$$

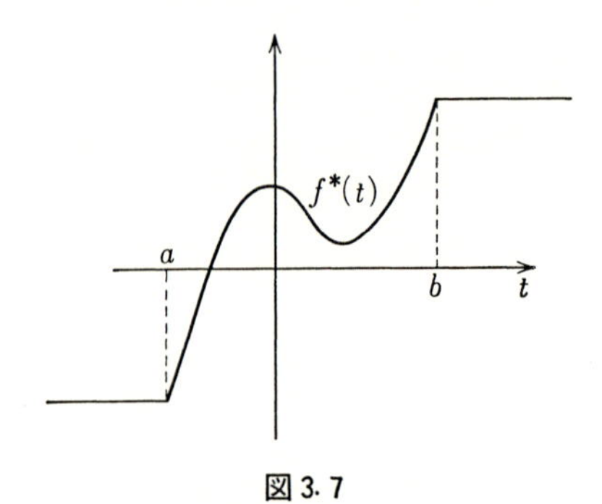

図 3.7

このとき F を，

$$F[u](x) = G[u](x) + v(x),$$

ここで，

$$G[u](x) = \int_B G(x, y) f^*(u(y)) dy, \qquad v(x) = \int_S \frac{\partial}{\partial n_y} G(x, y) g(y) dS_y;$$

と定めると，F は $C(\bar{B})$ における作用素となる．さらに

$$\sup_B |v(x)| = M_1, \qquad \max_{a \leqq t \leqq b} |f(t)| = M_2, \qquad M = M_1 + M_0 M_2$$

と定めると，F は $C(\bar{B})$ の閉球

$$V = \{u \in C(\bar{B}) \mid |u(x)| \leqq M\}$$

を自分自身に写す作用素となる．V に制限すれば，F は V 上でコンパクトである．実際，$|G[u](x)| \leqq M$ $(x \in \bar{B},\ u \in V)$ となるから $G[V]$ は一様有界．

$$\left|\frac{\partial}{\partial x_j} G[u](x)\right| \leqq \int_B \left|\frac{\partial}{\partial x_j} G(x, y)\right| |f^*(u(y))| dy \leqq M_0 M_2$$

となるから，同程度連続となる．故に，Ascoli-Arzelà の定理[1]によって，$G[V]$ したがって $F[V]$ の閉包は V でコンパクト．故に，Schauder の不動点定理より，V の中に F は不動点 $u = F[u] = G[u] + v$ をもつ．

次に u の滑らかさを示さなければならない．u は $\bar{B}$ 上連続であるから $f^*(u)$ も $\bar{B}$ 上連続．故に，$u \in C^1(B)$ となる．さらに，$u \in C^2(B)$ となることを示そう．x_0 を任意の B の点とし，ρ を，x_0 を中心，半径 2ρ の球 $B_{2\rho}(x_0)$ が B に含まれるくらい小さくとる．これに対して，

$$\zeta(x) = 1 \quad (x \in B_\rho(x_0)), \qquad \zeta(x) = 0 \quad (x \notin B_{2\rho}(x_0))$$

なる $\zeta \in C_0^\infty(\boldsymbol{R}^3)$ をとる．$u \in C^2$ を示すには，$G[u] \in C^2$ を示せば十分である．

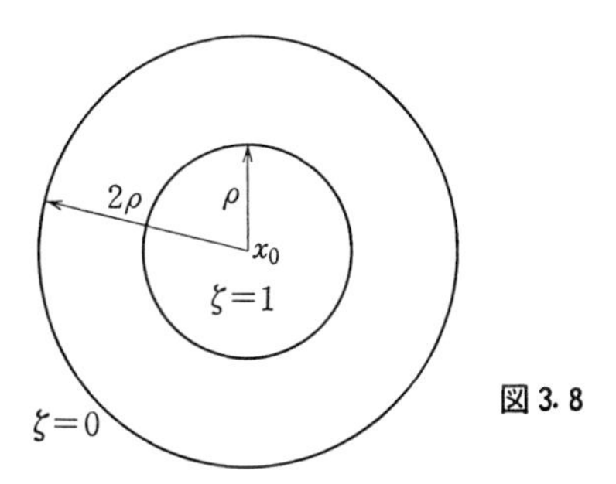

図 3.8

この $G[u]$ を，ζ を用いて，

$$G[u](x) = \int_B G(x, y)(1 - \zeta(y)) f^*(u(y)) dy$$

$$+ \int_B G(x, y) \zeta(y) f^*(u(y)) dy \quad (\equiv I_1 + I_2)$$

と分解する．I_1 は，$B \setminus B_\rho(x_0)$ 上の積分であるから，この積分核は，$x \in B_\rho(x_0)$

1) 付録参照．

のとき $x=y$ とはなりえない．故に特異性をもたない．すなわち I_1 は $x\in B_\rho(x_0)$ に対し C^2 である．I_2 を考えよう．u は $C^1(B)$ であるから，$u\in C^1(\bar{B}_\rho(x_0))$ となる．他方, f^* は Lipschitz 連続である．故に，$f^*(u(x))$ も $\bar{B}_{2\rho}(x_0)$ で Lipschitz 連続となる．(4) と同様に，このとき $h=f^*(u)$ と考えれば，$I_2\in C^{2+\theta}(B_{2\rho}(x_0))$ $(0<\theta<1)$ となる．かくして，$G[u]$ は C^2 となり，したがって $u\in C^2$ を得る．その上，$\triangle u=f^*(u)$ を満たす．もし $a\leqq u\leqq b$ ならば $f^*(u)=f(u)$ となるから，問題の解となる．

$a\leqq u\leqq b$ を帰謬法によって示そう．もし $a\leqq u\leqq b$ が成立しないとすれば，$a\leqq g(x)\leqq b$ であるから，ある $x_0\in B$ に対して，$u(x_0)<a$ または $u(x_0)>b$ となる．$u(x_0)>b$ としよう．$\max_{|x|\leqq 1} u(x)=u(x_m)$ とすれば，$u(x_m)>b$ となる．x_m は u が最大値をとる内点であるから，

$$0\geqq \triangle u(x_m)=f^*(u(x_m))=f(b).$$

これは，f の仮定に反する．$u(x_0)<a$ の場合も同様．故に，$a\leqq u\leqq b$. 故に，u は

$$\triangle u(x)=f^*(u(x))=f(u(x))$$

を満たす．$u=g(x)$ $(x\in S)$ は明らか．よって定理が示された．▌

§3.4　Leray-Schauder の写像度

a）Leray-Schauder の写像度の定義

有限次元空間で導入した写像度という概念を，Banach 空間にまで拡張しよう．Ω を Banach 空間 X の有界開集合とする．さてコンパクト作用素 K に対して，$Kx=x$ の解を求める際，K の不動点 $Kx=x$ を求める代りに $x-Kx$ の零点を求めてもよい．そこで $f=I-K$ (I は恒等作用素) なる形の，$\bar{\Omega}$ から X への作用素を考えることにする．X の点 p が $f(\partial\Omega)$ に属さぬとき，$\deg(f,\Omega,p)$ を定義しよう．まず，次の補題を証明する．

補題 3.9　S を X の有界閉部分集合とすれば，$f(S)$ も X の中で閉集合となる．

証明　$Kx\equiv x-f(x)$ は仮定よりコンパクト作用素であるから $x_n\in S$, $f(x_n)\to y$ とすれば，$\{x_n\}$ の部分列 $\{x_{n'}\}$ を適当にとることによって，$\{Kx_{n'}\}$ を収束せしめることができる．その極限を z とすれば，$x_{n'}=f(x_{n'})+Kx_{n'}$ より，$\{x_{n'}\}$ は $y+z$ $(\equiv x_0)$ に収束する．f は連続であるから，$y=f(x_0)$. 他方，S は閉集合

であるから，$x_0 \in S$ となる．故に，$y \in f(S)$．∎

さて，$\partial\Omega$ は有界閉集合であるから，上の補題より $f(\partial\Omega)$ は閉集合．故に，$p \notin f(\partial\Omega)$ より，p と $f(\partial\Omega)$ との距離 δ は正である．K はコンパクトであるから，有限次元的作用素 K_ε で ε 近似できる．有限次元空間である K_ε の値域と p とを含む（有限次元）空間を X_ε としよう．ε として，$0<\varepsilon<\delta/2$ ととり，$f_\varepsilon=I-K_\varepsilon$ とおくと，この f_ε は，$p \notin f_\varepsilon(\partial\Omega)$ である．実際，$\|p-f_\varepsilon(x)\| \geqq \|p-f(x)\|-\|f(x)-f_\varepsilon(x)\| \geqq \delta-\varepsilon$ $(x \in \partial\Omega)$ であるからである．次に，f_ε は有限次元空間 X_ε の中の有界閉集合 $X_\varepsilon \cap \bar{\Omega}$ を，X_ε に写す作用素であるから，f_ε を $X_\varepsilon \cap \bar{\Omega}$ に制限した作用素をやはり f_ε で表わすと，§3.1 で示したごとく $\deg(f_\varepsilon, X_\varepsilon \cap \Omega, p)$ を定義することができ，これを用いて $\deg(f, \Omega, p)$ を，

$$\deg(f, \Omega, p) = \deg(f_\varepsilon, X_\varepsilon \cap \Omega, p) \tag{3.17}$$

と定義することができる．

これが定義できることを示そう．そのために，$\deg(f_\varepsilon, X_\varepsilon \cap \Omega, p)$ $(\equiv d_\varepsilon)$ の定義をもっと明確にしておく．有限次元空間 X_ε の次元を N とし，基底を $x_1, \cdots, x_N$ としよう．まず，

$$\Omega_N = \left\{(\lambda_1, \cdots, \lambda_N) \,\middle|\, \sum_{j=1}^{N} \lambda_j x_j \in \Omega\right\}$$

とおく．また $\sum \bar{\lambda}_j x_j = p$ となる $\bar{\lambda}_j$ $(j=1, \cdots, N)$ に対して，$(\bar{\lambda}_1, \cdots, \bar{\lambda}_N) = \bar{p}$ とおく．さらに，

$$\bar{f}_\varepsilon(\lambda_1, \cdots, \lambda_N) = f_\varepsilon\left(\sum_{j=1}^{N} \lambda_j x_j\right)$$

と定めたときに，$\deg(\bar{f}_\varepsilon, \Omega_N, \bar{p})$ が定義できる．これを d_ε と定める．したがって，d_ε が定義できるためには，一応，これが基底によらないことを見ておかなくてはならない．$\bar{f}_\varepsilon$ を C^1，$\bar{p}$ を正則値とすれば，Jacobi 行列式は基底のとり方によらないから，d_ε も基底の変換に対し不変な量である．$\bar{p}$ が臨界値の場合，d_ε は座標変換に対し不変な量である $\deg(\bar{f}_\varepsilon, X_\varepsilon \cap \Omega, p_k)$ (p_k: 正則値）の極限として定義されたから，d_ε は基底のとり方によらぬことがわかる．一般の連続写像 $\bar{f}_\varepsilon$ に対しても，$\bar{f}_\varepsilon$ を近似する C^1 関数 $\bar{f}_{\varepsilon,k}$ に対する写像度：$d_{\varepsilon,k} \equiv \deg(\bar{f}_{\varepsilon,k}, X_\varepsilon \cap \Omega, \bar{p})$ の極限として d_ε が得られること，および $d_{\varepsilon,k}$ が基底のとり方によらないことから，d_ε は基底の変換に対し不変となる．次に，$\deg(f, \Omega, p)$ が K_ε のとり方によらずに

定義できることを示そう．そのために，補題を用意する．その際，$\boldsymbol{R}^n$ と $\{(y,0)\in \boldsymbol{R}^{n+m} \mid y\in \boldsymbol{R}^n\}$ を同一視し，$y\in \boldsymbol{R}^n$ に対し $\boldsymbol{y}=(y,0)\in \boldsymbol{R}^{n+m}$ とおく．

補題 3.10 g を $\boldsymbol{R}^{n+m}$ $(m>0)$ の有界領域 Ω から $\boldsymbol{R}^n$ への連続写像とし $\boldsymbol{g}(x)=(g(x),0)\in \boldsymbol{R}^{n+m}$ とおく．$p\in \boldsymbol{R}^n$ とする．もし $x+\boldsymbol{g}(x)\neq \boldsymbol{p}$ $(x\in\partial\Omega)$ が成り立つならば，$\mathbf{1}, 1$ をそれぞれ $\boldsymbol{R}^{n+m}, \boldsymbol{R}^n$ の恒等写像としたとき，

$$\deg(\mathbf{1}+\boldsymbol{g},\Omega,\boldsymbol{p})=\deg(1+g,\Omega\cap\boldsymbol{R}^n,p). \tag{3.18}$$

証明 極限をとればよいから，g が C^1 写像，p が $\boldsymbol{f}(x)\equiv x+\boldsymbol{g}(x)$ に対する正則値の場合に，(3.18) を示せば十分である．定義より，

$$\begin{aligned}\deg(\boldsymbol{f},\Omega,\boldsymbol{p})&=\sum_{\boldsymbol{f}(x)=\boldsymbol{p}}\operatorname{sgn} J_{\boldsymbol{f}}(x)\\&=\sum_{\boldsymbol{f}(x)=\boldsymbol{p}}\operatorname{sgn}\det\begin{bmatrix} I_n+\dfrac{\partial g_j}{\partial x_k} & O\\ O & I_m\end{bmatrix}\begin{matrix}n\\ m\end{matrix}\\&\qquad\qquad\qquad\quad\;\; n\qquad\;\; m\\&=\sum_{f(x)=p}\operatorname{sgn} J_f(x)\\&=\deg(f,\Omega\cap\boldsymbol{R}^n,p),\end{aligned}$$

ここで，$f(x)=x+g(x)$，I_m は $m\times m$ の単位行列．これは (3.18) を示している．∎

さて，K に対するコンパクトな有限次元的近似列 $K_\varepsilon, K_\varepsilon'$ に対し，その値域と p を含む有限次元空間をそれぞれ $X_\varepsilon, X_\varepsilon'$ とする．$f_\varepsilon=I-K_\varepsilon$, $f_\varepsilon'=I-K_\varepsilon'$ とおく．また，$X_\varepsilon, X_\varepsilon'$ を含む最小の線型空間を $\tilde{X}_\varepsilon$ とする．補題 3.10 より，

$$\begin{cases}\deg(f_\varepsilon,X_\varepsilon\cap\Omega,p)=\deg(\boldsymbol{f}_\varepsilon,\tilde{X}_\varepsilon\cap\Omega,\boldsymbol{p}),\\ \deg(f_\varepsilon',X_\varepsilon'\cap\Omega,p)=\deg(\boldsymbol{f}_\varepsilon',\tilde{X}_\varepsilon\cap\Omega,\boldsymbol{p})\end{cases} \tag{3.19}$$

となる．$\tilde{X}_\varepsilon\cap\Omega$ 上でホモトピー：$h(x,t)=t(\boldsymbol{f}_\varepsilon(x)-\boldsymbol{p})+(1-t)(\boldsymbol{f}_\varepsilon'(x)-\boldsymbol{p})$ を考える．$\partial(\tilde{X}_\varepsilon\cap\Omega)=\tilde{X}_\varepsilon\cap\partial\Omega$ 上で，

$$\begin{aligned}\|h(x,t)\|&=\|t(\boldsymbol{f}(x)-\boldsymbol{p})+(1-t)(\boldsymbol{f}(x)-\boldsymbol{p})-h(x,t)-(\boldsymbol{f}(x)-\boldsymbol{p})\|\\&\geqq\|\boldsymbol{f}(x)-\boldsymbol{p}\|-t\|\boldsymbol{f}_\varepsilon(x)-\boldsymbol{f}(x)\|-(1-t)\|\boldsymbol{f}_\varepsilon'(x)-\boldsymbol{f}(x)\|\\&>\delta-\frac{1}{2}t\delta-\frac{1}{2}(1-t)\delta=\frac{1}{2}\delta>0\end{aligned}$$

が十分小さい $\varepsilon>0$ に対し成立する．故に，写像度のホモトピー不変性より，

$$\deg(\boldsymbol{f}_\varepsilon,\tilde{X}_\varepsilon\cap\Omega,\boldsymbol{p})=\deg(\boldsymbol{f}_\varepsilon',\tilde{X}_\varepsilon\cap\Omega,\boldsymbol{p})$$

となる．(3.19) と上式より，(3.17) は K_ε のとり方によらぬことがわかる．かくして $\deg(f,\Omega,p)$ は定義できることがわかった．

b）写像度の性質

§3.2 で述べた有限次元空間における写像度の幾つかの性質を Banach 空間の場合に拡張しよう．

定理 3.5（Leray-Schauder の不動点定理）　Ω を X の中の有界開集合，K を $\bar{\Omega}$ から X へのコンパクト作用素とする．$f=I-K$ とおく．$p\notin f(\partial\Omega)$ なる $p\in X$ に対し，もし $\deg(f,\Omega,p)\neq 0$ ならば，$f(x)=p$ は $\bar{\Omega}$ の中に解をもつ．

証明　$\|K_nx-Kx\|<1/n$ $(x\in\Omega)$ となるコンパクトな有限次元的作用素 K_n に対し，p とその値域を含む線型空間を X_n とする．$f_n=I-K_n$ とすると，十分大きな n に対して，

$$\deg(f,\Omega,p)=\deg(f_n,X_n\cap\Omega,p)$$

より，$\deg(f_n,X_n\cap\Omega,p)\neq 0$．故に，命題 3.3 (3) より，$f_n(x_n)=p$ となる $x_n\in X_n\cap\bar{\Omega}$ が存在する．K はコンパクトであるから，$\{Kx_n\}$ は収束する部分列をもつ．それをやはり $\{Kx_n\}$ と表わすと，

$$\|x_n-Kx_n-p\|\leqq\|x_n-K_nx_n-p\|+\|K_nx_n-Kx_n\|\leqq\frac{1}{n}.$$

よって，$n\to\infty$ とすると，$\{x_n\}$ はある元 $x_0\in\bar{\Omega}$ に収束する．上式と K の連続性より，$x_0-Kx_0=p$ を満たす．∎

定理 3.6（ホモトピー不変性）　Ω を X の有界開部分集合とする．$K_t(x)$ を

$$f_t(x)\equiv x-K_t(x)\neq p\qquad(x\in\partial\Omega,\ 0\leqq t\leqq 1)$$

を満たす $[0,1]\times\bar{\Omega}$ から X へのコンパクト作用素とすると，$\deg(f_t,\Omega,p)$ は t によらず一定．さらに，$K_t'(x)$ を $K_t'(x)=K_t(x)$ $(x\in\partial\Omega,\ 0\leqq t\leqq 1)$ なる $[0,1]\times\bar{\Omega}$ から X へのコンパクト作用素とすれば，

$$\deg(f_t,\Omega,p)=\deg(f_t',\Omega,p)$$

（ただし $f_t'(x)=x-K_t'(x)$ とする）．

証明　定理 3.2 の中の X,Ω,Y をそれぞれ，$\boldsymbol{R}^1\times X$，$[0,1]\times\bar{\Omega}$，X として，定理を適用すれば，任意の $\varepsilon>0$ に対し，

(1)　$\|K_t(x)-K_{t,\varepsilon}(x)\|<\varepsilon$　$(x\in\Omega,\ 0\leqq t\leqq 1)$；

(2)　$\{K_{t,\varepsilon}(x)\mid x\in\Omega,\ 0\leqq t\leqq 1\}$ は t によらぬ有限次元空間

なる性質をもつコンパクトな有限次元的作用素 $K_{t,\varepsilon}(x)$ が存在する．他方，$\{f_t(x) \mid x \in \partial\Omega,\ 0 \leqq t \leqq 1\}$ は閉集合であるから，p との距離 δ は正．また $0<\varepsilon<\delta/2$ くらいに ε を小さくとり，p と $K_{t,\varepsilon}(x)$ $(0 \leqq t \leqq 1,\ x \in \Omega)$ の値域を含む有限次元空間を X_ε とする．この"X_ε が t によらない"ことにより，上の定理は有限次元空間の場合(命題3.2)に帰着される．∎

§3.5　定常的 Navier-Stokes 方程式の解の存在

$\boldsymbol{R}^3$ の，滑らかな境界をもつ有界領域 Ω で定められた，流体力学で重要な Navier-Stokes 方程式：

$$(3.20)\qquad \begin{cases} -\triangle u_j + \displaystyle\sum_{k=1}^{3} u_k(x)\frac{\partial u_j}{\partial x_k} + \frac{\partial p}{\partial x_j} = f_j(x) & (j=1,2,3), \\ \displaystyle\sum_{j=1}^{3}\frac{\partial u_j}{\partial x_j} = 0 \end{cases}$$

および Dirichlet 条件：

$$(3.21)\qquad u_j(x) = 0 \qquad (x \in \partial\Omega,\ j=1,2,3)$$

を満たす $u=(u_1, u_2, u_3)$，p の存在を定理3.5の応用という観点から，論じよう．ここで，$f=(f_1, f_2, f_3)$ は与えられたベクトル値 $L^2(\Omega)$ 関数である．物理的にいうと f は外力，u は速度ベクトル，p は圧力を表わしている．これは，第1章に述べたごとく，楕円型方程式である．見やすくするため，ベクトル記号で書き表わすと，(3.20)と(3.21)はそれぞれ，

$$(3.22)\qquad \begin{cases} -\triangle u + (u\cdot\nabla)u + \nabla p = f, \\ \operatorname{div} u = 0 \end{cases}$$

および

$$(3.23)\qquad u = 0 \qquad (x \in \partial\Omega)$$

となる．解の存在問題をよりはっきり定式化するために，幾つかの記号を導入する：

$$C_{0,\sigma}{}^{\infty}(\Omega) = \left\{\varphi=(\varphi_1, \varphi_2, \varphi_3) \,\middle|\, \varphi_j \in C_0{}^{\infty}(\Omega),\ \sum_{j=1}^{3}\frac{\partial \varphi_j(x)}{\partial x_j}=0\right\};$$

$L_\sigma{}^2(\Omega)$ は $C_{0,\sigma}{}^{\infty}(\Omega)$ の，$L^2(\Omega)$ ノルム $\|\ \|$ による完備化空間；

$H_{0,\sigma}{}^1(\Omega)$ は $C_{0,\sigma}{}^{\infty}(\Omega)$ の，ノルム $\|\ \|_1$ による完備化空間．

ここで，$L_\sigma^2(\Omega)$, $H_{0,\sigma}^1(\Omega)$ の内積は，それぞれ

$$(u, v) = \sum_{j=1}^{3} \int_\Omega u_j(x) v_j(x) dx \equiv \int_\Omega u(x) \cdot v(x) dx,$$

$$(u, v)_1 = \sum_{j,k=1}^{3} \int_\Omega \frac{\partial u_j(x)}{\partial x_k} \frac{\partial v_j(x)}{\partial x_k} dx \equiv \int_\Omega \nabla u(x) \cdot \nabla v(x) dx$$

（・は $\boldsymbol{R}^3$ の内積）であり，

$$\|u\|^2 = \int_\Omega |u(x)|^2 dx = (u, u),$$

$$\|u\|_1^2 = \sum_{j=1}^{3} \int_\Omega \left| \frac{\partial u(x)}{\partial x_j} \right|^2 dx = (u, u)_1$$

である．下つきの σ は $\operatorname{div} u=0$ すなわちソレノイド場を表わすためにつけた．

さて，(3.22) の両辺に $\Phi \in H_{0,\sigma}^1(\Omega)$ を掛けて，Ω 上で積分する．$\operatorname{div} u = \operatorname{div} \Phi = 0$ $(x \in \Omega)$ と $u(x) = \Phi(x) = 0$ $(x \in \partial\Omega)$ を考慮して部分積分をすれば，

$$(3.24) \qquad \begin{cases} \displaystyle\sum_{j=1}^{3} \int_\Omega u_j(x) \frac{\partial u(x)}{\partial x_j} \cdot \Phi(x) dx = -\sum_{j=1}^{3} \int_\Omega u_j(x) u(x) \cdot \frac{\partial \Phi(x)}{\partial x_j} dx, \\ \displaystyle\int_\Omega \nabla p(x) \cdot \Phi(x) dx = 0 \end{cases}$$

となるから，

$$(3.25) \qquad \int_\Omega \left(\nabla u \cdot \nabla \Phi - \sum_{k=1}^{3} u_k u \cdot \frac{\partial \Phi}{\partial x_k} \right) dx = \int_\Omega f \cdot \Phi dx$$

となる．話を逆にして，すべての $\Phi \in H_{0,\sigma}^1(\Omega)$ に対して，(3.25) が成り立つような $u \in H_{0,\sigma}^1(\Omega)$ を，(3.22), (3.23) の**一般化された解**という．定理 3.5 を用いれば，この (3.22), (3.23) の一般化された解の存在を示すことができるのである．

定理 3.7 任意の $f \in L^2(\Omega)$ に対して，(3.22), (3.23) は一般化された解をもつ．——

証明の前に，p は未知関数であるけれど，u がわかれば p も u より決定されることを注意しておこう．（したがって，(3.22), (3.23) の解の存在問題にとって u の存在を示すことが本質的なのである．）P を $L^2(\Omega)$ から，その閉部分空間 $L_\sigma^2(\Omega)$ への直交射影とすると，$L^2(\Omega)$ は

$$L^2(\Omega) = L_\sigma^2(\Omega) \oplus (I-P) L^2(\Omega)$$
$$\equiv L_\sigma^2(\Omega) \oplus \Gamma(\Omega)$$

と直交分解される．もし p が局所2乗可積分関数であって，その(一般化された)微分 $\partial p/\partial x_j$ $(j=1,2,3)$ が存在して $L^2(\Omega)$ に入るならば，部分積分より，

$$(\varphi, \nabla p)=\sum_{j=1}^{3}\int_{\Omega}\varphi_j(x)\frac{\partial p(x)}{\partial x_j}dx=-\int_{\Omega}\operatorname{div}\varphi\cdot p(x)dx=0$$

$(\varphi=(\varphi_1,\varphi_2,\varphi_3)\in C_{0,\sigma}^{\infty}(\Omega))$ が成立する．$C_{0,\sigma}^{\infty}(\Omega)$ は $L_\sigma^2(\Omega)$ で稠密であるから，

$$(v, \nabla p)=0$$

が任意の $v\in L_\sigma^2(\Omega)$ に対して成立する．故に，$\nabla p\in\Gamma(\Omega)$ となる．(逆も成立する．すなわち，$\Gamma(\Omega)$ の任意の元は，上のごとき p のグラジェント ∇p として表わされる[1]．これを **Weyl 分解**という.) u, p を (3.22) と (3.23) の古典解とすれば，(3.22) の両辺に $I-P$ を作用させると，

$$\nabla p=(I-P)f+(I-P)\triangle u-(I-P)(u\cdot\nabla)u$$

となる．もし u がわかれば，この右辺は $\Gamma(\Omega)$ に入る既知関数となる．故に，上の方程式を満たす p が Weyl 分解により存在する．結局，u を求めさえすればよいことになる．

定理 3.7 の証明　Poincaré の不等式[2]

(3.26)　$$\|u\|\leqq M_0\|u\|_1 \qquad (u\in H_0^1(\Omega),\ M_0:\text{ 正定数})$$

によって $\|u\|_1$ は $H_{0,\sigma}^1(\Omega)$ でノルムとなることに注意する．第1の目的は (3.25) を $H_{0,\sigma}^1(\Omega)$ の作用素方程式に書き直すことである．(3.25) の右辺から始めよう．右辺の積分を $\Phi\in H_{0,\sigma}^1(\Omega)$ の汎関数とみなすと，Schwarz の不等式と (3.26) により

$$\left|\int_{\Omega}f\cdot\Phi dx\right|\leqq\|f\|\|\Phi\|\leqq M_0\|f\|\|\Phi\|_1$$

となるから，連続線型汎関数となる．故に Riesz の表現定理[2]によって，

(3.27)　$$\int_{\Omega}f\cdot\Phi dx=(F,\Phi)_1 \qquad (\Phi\in H_{0,\sigma}^1(\Omega))$$

となる $F\in H_{0,\sigma}^1(\Omega)$ が存在する．

次に左辺の非線型項を表現する．そのために Sobolev の不等式[2]

(3.28)　$$\|u\|_{L^6(\Omega)}\leqq M_1\|\nabla u\| \qquad (u\in H_0^1(\Omega))$$

---

1)　O. A. Ladyženskaja: The Mathematical Theory of Viscous Incompressible Flow, Gordon-Breach (1963), p. 28 を参照.

2)　付録参照.

を利用すれば，$v \in L^3(\Omega)$，$u \in H_{0,\sigma}{}^1(\Omega)$，$\Phi \in H_{0,\sigma}{}^1(\Omega)$ に対して，評価

$$\left|\int_\Omega v_k u \cdot \frac{\partial \Phi}{\partial x_k} dx\right| \leqq M_2 \|v\|_{L^3(\Omega)} \|u\|_1 \|\Phi\|_1 \tag{3.29}$$

が成立する．実際，Hölder の不等式より，

$$\begin{aligned}&(3.29)\text{ の左辺}\\ &\leqq M\|v\|_{L^3(\Omega)}\|u\|_{L^6(\Omega)}\|\Phi\|_1 \qquad (M\text{: 正定数})\\ &\leqq MM_1\|v\|_{L^3(\Omega)}\|u\|_1\|\Phi\|_1 \qquad ((3.28)\text{ による})\end{aligned}$$

となるからである．

さて，$u \in H_{0,\sigma}{}^1(\Omega)$ は，(3.28) より，$L^6(\Omega)$ したがって $L^3(\Omega)$ に属する関数であるから，(3.25) の非線型項

$$-\sum_{k=1}^3 \int_\Omega u_k u \cdot \frac{\partial \Phi}{\partial x_k} dx$$

は，(3.29) より，$H_{0,\sigma}{}^1(\Omega)$ 上の連続線型汎関数を定める．故に，Riesz の表現定理より，各 $u \in H_{0,\sigma}{}^1(\Omega)$ に対し，

$$-\sum_{k=1}^3 \int_\Omega u_k u \cdot \frac{\partial \Phi}{\partial x_k} dx = (v, \Phi)_1 \quad (\equiv (Au, \Phi)_1) \tag{3.30}$$

となる $v \in H_{0,\sigma}{}^1(\Omega)$ が一意的に存在する．($v=Au$ とおく.) 以上より，(3.25) は，

$$(u+Au, \Phi)_1 = (F, \Phi)_1 \qquad (\Phi \in H_{0,\sigma}{}^1(\Omega))$$

となる．Φ は $H_{0,\sigma}{}^1(\Omega)$ の任意の関数であったから，結局，(3.25) は

$$u+Au-F=0 \tag{3.31}$$

なる作用素方程式と同値である．次の目的は，$Ku=-Au+F$ とおいたときに，この K が完全連続となることを示すことである．これには，A が完全連続となることを示せばよい．任意の $H_{0,\sigma}{}^1(\Omega)$ の中の有界列 $\{u^n\}$ に対して，Rellich の定理[1]より，$\{u^n\}$ から，$L^3(\Omega)$ の位相で，強収束する部分列がとりだせる．番号をつけ直し部分列を $\{u^n\}$ としよう．さて，(3.30) を用いて，

$$\begin{aligned}(Au^n - Au^m, \Phi)_1 &= \sum_k \int_\Omega (u_k{}^n u^n - u_k{}^m u^m) \cdot \frac{\partial \Phi}{\partial x_k} dx\\ &= \sum_k \int_\Omega (u_k{}^n - u_k{}^m) u^n \cdot \frac{\partial \Phi}{\partial x_k} dx\end{aligned}$$

---

1) 付録参照．(3 次元空間の場合 $L^3(\Omega)$ でよい.)

$$+\sum_k \int_\Omega u_k{}^m(u^n-u^m)\cdot\frac{\partial\Phi}{\partial x_k}dx.$$

この右辺に，(3.29) を適用すれば，

$$|(Au^n-Au^m,\Phi)_1| \leqq M_2\|u^n-u^m\|_{L^3}(\|u^n\|_1+\|u^m\|_1)\|\Phi\|_1$$

となる．$\Phi=Au^n-Au^m$ とおくと，

$$\|Au^n-Au^m\|_1 \leqq M_2\|u^n-u^m\|_{L^3}(\|u^n\|_1+\|u^m\|_1).$$

$\|u^n\|_1$ と $\|u^m\|_1$ は有界であり，$\|u^n-u^m\|_{L^3}$ は0に収束するから，$\|Au^n-Au^m\|_1$ は，$n,m\to\infty$ に対して，0に収束する．すなわち $\{Au^n\}$ は Cauchy 列である．また，A が連続であることも上の不等式より明らかである．故に，A は(したがって，K は)コンパクト作用素である．さて，定理3.5を適用しよう．$H_{0,\sigma}{}^1(\Omega)$ の中で，中心0，半径が $M_0\|f\|$ 以上の球

$$B_R=\{u\in H_{0,\sigma}{}^1(\Omega)\mid \|u\|_1<R\}$$

を考える(M_0 は (3.26) であらわれた定数；$R>M_0\|f\|$ である)．このとき，

$$\partial B_R=\{u\in H_{0,\sigma}{}^1(\Omega)\mid \|u\|_1=R\}$$

となるから，

$$g_t(u)=u-tKu \qquad (0\leqq t\leqq 1)$$

とおくと，

$$g_t(\partial B_R)\not\ni 0 \qquad (0\leqq t\leqq 1)$$

が成立する．実際，$g_t(u)=0$ となる $u\in\partial B_R$，$0\leqq t\leqq 1$，が存在したと仮定して矛盾を導く．$g_t(u)=0$，すなわち $u-tKu=0$ より，この方程式と u との内積をとると，

$$\|u\|_1{}^2=t(Ku,u)_1=-t(Au,u)_1+t(F,u)_1$$

となる．(3.30) において，$\Phi=u$ とおくと，

$$(3.32)\qquad (Au,u)_1=-\sum_j\int_\Omega u_ju\cdot\frac{\partial u}{\partial x_j}dx$$

$$=\frac{1}{2}\sum_j\int_\Omega\frac{\partial u_j(x)}{\partial x_j}|u(x)|^2dx \qquad (\text{部分積分より})$$

$$=0.$$

ここで，$u\in H_{0,\sigma}{}^1(\Omega)$ ならば，$\sum_{j=1}^3\partial u_j/\partial x_j=0$ となることを用いた．故に

(3.33) $$\|u\|_1^2 = t(F, u)_1 = t\int_\Omega f\cdot u dx$$

$$\leqq \|f\|\|u\| \qquad \text{(Schwarz の不等式より)}$$

$$\leqq M_0\|f\|\|u\|_1 \qquad \text{((3.26) より)}.$$

故に，$\|u\|_1 \leqq M_0\|f\|$ となる．これは $u\in\partial B_R$ に反する．よって，定理3.6が適用でき，

$$\deg(g_1, B_R, 0) = \deg(g_t, B_R, 0) = \deg(g_0, B_R, 0) = 1.$$

故に，$\deg(g_1, B_R, 0)\neq 0$ となるから，定理3.5より解は存在する．▌

このように存在が示された一般化された解がどの程度滑らかであるかという問題にはここでは立ち入らない．最後に解の一意性について，ひとこと述べておこう．

定理 3.8 $\|f\|$ が十分小さければ，(3.20), (3.21) の一般化された解は，一つしか存在しない．

証明 二つ以上の一般化された解が存在したと仮定する．その中から，勝手に二つ u, u' をとってきて，$v=u-u'$ とおく．このとき，(3.33) より，

$$\|u\|_1, \|u'\|_1 \leqq M_0\|f\|$$

となることがわかる．u, u' の満たすべき式 (3.25) から

$$\sum_{k=1}^3 \int_\Omega \left(\frac{\partial v}{\partial x_k}\frac{\partial \Phi}{\partial x_k} - v_k u\cdot\frac{\partial \Phi}{\partial x_k} - u_k' v\cdot\frac{\partial \Phi}{\partial x_k}\right)dx = 0.$$

$\Phi=v$ とおくと，(3.32) と同様にして，上式の被積分関数の第2項の積分は0となる．故に，

$$\|v\|_1^2 = \sum_k \int v_k u\cdot\frac{\partial v}{\partial x_k}dx$$

を得る．(3.29) と同様にして，

$$\|v\|_1^2 \leqq MM_1\|u\|_{L^3}\|v\|_1^2.$$

したがって，Ω は有界領域より，

$$1 \leqq MM_1\|u\|_{L^3} \leqq M'\|u\|_{L^6}$$

$$\leqq M'M_0\|u\|_1 \qquad \text{((3.28) より．} M'\text{: 正定数)}$$

となる．よって，$1\leqq M'M_0\|f\|$ となり，$\|f\|$ を十分小さくとれば，これは不可能となる．故に，定理は証明された．▌

問　　題

1　$\boldsymbol{R}^n$ から $\boldsymbol{R}^n$ へのアフィン写像：

$$f(x) = Ax+b$$

を考える．A は $n\times n$ 行列であり b は n 次元ベクトルである．$c\in\boldsymbol{R}^n$ に対し $f(x)=c$ の解の一つを x_0 とする：

$$f(x_0) = c.$$

このとき，

$$\deg(f, \Sigma_\varepsilon, c) = \begin{cases} 1 & (\det A>0), \\ -1 & (\det A<0) \end{cases}$$

が成立することを示せ．ここで，Σ_ε は x_0 を中心とする半径 ε の球を意味する．$\det A=0$ ならばどうか．

2　有界な複素領域 Ω の閉包 $\overline{\Omega}$ 上で定義された複素解析関数 $f(z)=u(x,y)+iv(x,y)$ $(z=x+iy)$ が，$f(z)\neq p$ $(z\in\partial\Omega)$ を満たすならば，

$$\deg(f, \Omega, p) \geqq 0$$

となることを示せ．ここで，f は $(x,y)\to(u,v)$ なる写像を表わしている．以上のことを n 次元複素変数に拡張したらどうなるか．

3　Ω を $\boldsymbol{R}^n$ の有界領域とする．$K(x,y)$ を $\Omega\times\Omega$ 上で定義された非負の可測関数とする．もし

$$Tu(x) = \int_\Omega K(x,y)u(y)\,dy$$

によって定められた作用素 T が，$L^1(\Omega)$ から $L^1(\Omega)$ へのコンパクト作用素ならば，T は非負の固有値と非負の固有関数をもつことを示せ．［ヒント］関数の集合 $C=\{u(x)\mid u(x)\in L^1(\Omega),\ u(x)\geqq 0 \text{ a. e.}, \int_\Omega u(x)\,dx=1\}$ とおく．このとき，C は有界閉な凸集合である．作用素 $Tu/\|Tu\|_{L^1}$ は C を C に写す．

4　(Krasnosel'skii の不動点定理)　X を Hilbert 空間とする．T を X から X へのコンパクト作用素で，十分大きい $\|x\|$ に対して，

$$(Tx, x) \leqq \|x\|^2$$

を満たすものとすると，T は X の中に不動点をもつ．［ヒント］不動点をもたないと仮定して，ホモトピー $H(x,t)=x-tTx$ を考えよ．

5　(Birkhoff-Kellogg の不動点定理)　X を Banach 空間とし，$\partial\Sigma_R=\{x\in X\mid \|x\|=R\}$ とおく．T を X から X へのコンパクト作用素とする．もし，$\|Tx\|\geqq\alpha>0$ $(x\in\partial\Sigma_R)$ なる定数 α が存在すれば，$x=\lambda Tx$ は $\|x_R\|=R$ なる解 x_R をもつ．［ヒント］写像 $x\to R(Tx)/\|Tx\|$ を考えよ．

6　(Leray の積定理)　Ω を $\boldsymbol{R}^n$ の有界な領域とする．f を $\overline{\Omega}$ から $\boldsymbol{R}^n$ への連続写像，g を $\boldsymbol{R}^n$ から $\boldsymbol{R}^n$ への連続写像とする．y_j を，$\boldsymbol{R}^n\setminus f(\partial\Omega)$ の有界な連結成分 Ω_j の任意の

点とする．このとき，$z \notin g \circ f(\partial \Omega)$ に対して，

$$\deg(g \circ f, \Omega, z) = \sum_j \deg(f, \Omega, y_j) \deg(g, \Omega_j, z)$$

を示せ．［ヒント］$g, f \in C^1$ かつ z が $g \circ f$ および g の正則値の場合

$$\sum_{\substack{g \circ f(x) = z \\ x \in \Omega}} \operatorname{sgn} J_{g \circ f}(x) = \sum_{\substack{y \in \boldsymbol{R}^n \\ g(y) = z}} \operatorname{sgn} J_g(y) \sum_{\substack{x \in \Omega \\ f(x) = y}} \operatorname{sgn} J_f(x)$$

を示せ．もし y が $\boldsymbol{R}^n \setminus f(\partial \Omega)$ の有界でない連結成分の点であれば，$\deg(f, \Omega, y) = 0$ に注意．

7　B を3次元単位球とし，$\underline{\omega}, \overline{\omega}$ を $C^2(\bar{B})$ に属する関数とする．$f(x, u)$ を領域：$x \in \bar{B}$，$\underline{\omega}(x) \leqq u \leqq \overline{\omega}(x)$ において連続な関数とする．ここで，$\bar{B}$ において，$\underline{\omega}, \overline{\omega}$ は，次の微分不等式を満たすものとする：

$$\triangle \underline{\omega}(x) \geqq f(x, \underline{\omega}),$$
$$\triangle \overline{\omega}(x) \leqq f(x, \overline{\omega}).$$

もし g が B の境界 ∂B 上で連続で $\underline{\omega}(x) \leqq g(x) \leqq \overline{\omega}(x)$ なる関数とすれば，∂B では g に一致し，B 内で $\triangle u = f(x, u)$ を満たす u が存在する．［ヒント］例3.4を参照せよ．

第4章　解の分岐の理論

§4.1　例

実パラメータ λ に依存する方程式

$$(4.1)\qquad f(x,\lambda)=0 \qquad (x\text{: 未知関数})$$

を考える．$f(0,\lambda)\equiv 0$ とさしあたって仮定しよう．(4.1) は $x=0$ という解をもつ．ところが，λ を変化させていくと，ある $\lambda=\lambda_0$ に対して，$x=0$ 以外の解が $\lambda=\lambda_0$, $x=0$ の近くからあらわれる場合がある．そのとき**解の分岐が起る**という．$x=0$, $\lambda=\lambda_0$ を**分岐点**という．例をあげよう．

例 4.1　方程式

$$(4.2)\qquad \begin{bmatrix} x_1 \\ x_2 \end{bmatrix} - \lambda \begin{bmatrix} x_1 \\ 2x_2 \end{bmatrix} + \begin{bmatrix} -x_2{}^3 \\ x_1{}^3 \end{bmatrix} = 0$$

を考える．これを直接解くと，$x=\begin{bmatrix} x_1 \\ x_2 \end{bmatrix}=0$ 以外に解があらわれるのは，$1/2<\lambda<1$ の場合にかぎられ，このとき，

$$x_1=(2\lambda-1)^{3/8}(1-\lambda)^{1/8}, \qquad x_2=(2\lambda-1)^{1/8}(1-\lambda)^{3/8}$$

となる．すなわち $(0,1/2)$, $(0,1)$ が分岐点である．ここで非線型項を無視した式：

$$\begin{bmatrix} x_1 \\ x_2 \end{bmatrix} - \lambda \begin{bmatrix} x_1 \\ 2x_2 \end{bmatrix} = 0$$

が自明でない解をもつための条件は，正に，λ^{-1} が行列

$$\begin{bmatrix} 1 & 0 \\ 0 & 2 \end{bmatrix}$$

の固有値となることである．すなわち，$\lambda=1, 1/2$. ——

しかしながら非線型項を無視した方程式が，$\lambda=\lambda_0$ で自明でない解をもつならば，元の方程式もそこで自明でない解をもつとはかぎらない．すなわち，**分岐点となるとはかぎらない**．

このことを強調するために例をあげよう．

例 4.2　方程式

$$\begin{bmatrix} x_1 \\ x_2 \end{bmatrix} - \lambda \begin{bmatrix} x_1 \\ x_2 \end{bmatrix} + \begin{bmatrix} -x_2{}^3 \\ x_1{}^3 \end{bmatrix} = 0 \tag{4.3}$$

を考える．非線型項を無視した方程式は，$\lambda=1$ のとき自明でない解をもつ．ところが，元の方程式は，すべての λ に対し分岐が起らない．実際，第1行に x_2 をかけ，第2行に x_1 をかけて互いにひくと，$x_1{}^4+x_2{}^4=0$ となり，$x_1=x_2=0$ を得るからである．——

例 4.3 常微分方程式の境界値問題：

$$\begin{cases} u_{tt}+\lambda[u+v(u^2+v^2)] = 0, \\ v_{tt}+\lambda[v-u(u^2+v^2)] = 0 \end{cases} \qquad (0<t<1) \tag{4.4}$$

および

$$u(0) = u(1) = v(0) = v(1) = 0$$

の線型化された問題

$$\begin{cases} u_{tt}+\lambda u = 0, \qquad v_{tt}+\lambda v = 0 \qquad (0<t<1), \\ u(0) = u(1) = v(0) = v(1) = 0 \end{cases}$$

は重複度2の固有値 $n^2\pi^2$ をもつが(4.4)は自明な解しかもたない．実際，(4.4)の第1式に v をかけ，第2式に u をかけ，その差を $[0,1]$ 上で積分すれば，

$$\int_0^1 (u^2+v^2)^2 dt = 0$$

となる．これより，$u=v=0$ を得るからである．——

さて，分岐が起るとすればそれはいつかを簡単な場合にみてみよう．$f(x,\lambda)$ を，$\boldsymbol{R}^n \times \boldsymbol{R}^1$ から $\boldsymbol{R}^n$ への C^2 級の，$f(0,\lambda)=0$ を満たす写像とする．$x=0$, $\lambda=\lambda_0$ が f の分岐点ならば λ_0 にいくらでも近い λ に対して $f(x,\lambda)=0$ の自明でない解 $x=x(\lambda)$ が存在する．もし行列 $(\partial f_k(0,\lambda_0)/\partial x_j)$ が逆行列をもてば，逆関数の定理によって $f(x,\lambda)=0$ は $x=0$, $\lambda=\lambda_0$ の近傍で一意的に解 $(x(\lambda),\lambda)$ をもつ．これは $(0,\lambda)$ と $(x(\lambda),\lambda)$ $(x(\lambda)\neq 0)$ なる解が存在することに反する．すなわち，もし $(0,\lambda_0)$ が f の分岐点とすれば，行列 $(\partial f_k(0,\lambda_0)/\partial x_j)$ は逆行列をもたない．例4.1の場合，これは，正に，線型化された線型方程式の固有値に対応している．問題は，“線型化された問題の固有値がいつ分岐点たりうるか”，である．分岐点が存在する問題は，非線型楕円型方程式においても種々でてくる．例えば，次の例4.4を考えてみよう．

例 4.4　Ω を $\boldsymbol{R}^n$ の中の，滑らかな境界をもつ有界領域とする．実関数 u に対する境界値問題：

$$\begin{cases} f(u,\lambda) \equiv \triangle u - \lambda g(u) = 0 & (x \in \Omega), \\ u = 0 & (x \in \partial\Omega) \end{cases}$$

を考える．ここで，$g(t)$ は $g(0)=0$，$g_t(0) \neq 0$ を満たす C^1 級の関数である．この線型化された問題は，

$$\begin{cases} f_u(0,\lambda)u \equiv \triangle u - \lambda g'(0)u = 0 & (x \in \Omega), \\ u = 0 & (x \in \partial\Omega) \end{cases}$$

となる．λ_0 をこの単純固有値とすれば $(0, \lambda_0)$ は元の方程式の分岐点である．——

この種の問題を扱うには，上に述べた逆関数の定理を無限次元空間で考えなければならない．そのために，無限次元空間における微分から話を始めよう[1]．

§4.2　Banach 空間上の微分

X, Y を Banach 空間とする．f を Banach 空間 X の開部分集合 Ω で定義された，X から Y への連続写像とする．X から Y への有界線型写像の全体を $B(X, Y)$ で表わそう．X から Y への連続写像 f に対して，

$$\lim_{\substack{\|u\|\to 0 \\ u \neq 0}} \frac{\|f(x_0+u)-f(x_0)-Tu\|}{\|u\|} = 0 \tag{4.5}$$

が成立するような有界線型写像 $T \in B(X, Y)$ が存在するとき，f は‘$x_0 \in \Omega$ で (Fréchet) 微分可能’という．T を $f_x(x_0)$ と表わし Fréchet 微分という．

例 4.5　$X=\boldsymbol{R}^n$，$Y=\boldsymbol{R}^m$ とする．$f(x)={}^t(f_1(x), \cdots, f_m(x))$（列ベクトル）が x_0 で (Fréchet) 微分可能であることと，各 $f_j(x)$ が各変数について $x=x_0$ で微分可能であることとは同値である．このとき，

$$f_x(x_0) = \begin{bmatrix} \dfrac{\partial f_1(x_0)}{\partial x_1} & \cdots & \dfrac{\partial f_1(x_0)}{\partial x_n} \\ \vdots & \ddots & \vdots \\ \dfrac{\partial f_m(x_0)}{\partial x_1} & \cdots & \dfrac{\partial f_m(x_0)}{\partial x_n} \end{bmatrix}$$

1)　以下，L. Nirenberg の New York 大学における講義録 (1974) に多く負っている．

となる. ——

$f_x(x_0)$ は, x_0 をとめるごとに有界線型写像を定めるから, Ω から $B(X, Y)$ への写像と考えられる. この写像が連続であるとき, f を C^1 **級**という. 同様にして, C^p **級**の写像が定義される. 例えば, $f_{xx}(x_0) \in B(X, B(X, Y))$ となる.

上の例では,

$$f_{xx}(x_0)[x] = \frac{1}{2}\left(\sum_{k=1}^{n} \frac{\partial^2 f_i(x_0)}{\partial x_j \partial x_k} x_k\right)$$

である.

次に偏微分を定義しよう. X_1, X_2, Y を Banach 空間とする. Ω_j を X_j の開部分集合とし, f を $\Omega_1 \times \Omega_2$ から Y への連続写像とする. これに対して,

$$\lim_{\substack{\|u\| \to 0 \\ u \neq 0 \\ u \in X_1}} \frac{\|f(x^0+(u, 0))-f(x^0)-Tu\|}{\|u\|} = 0$$

が成立するような有界線型写像 $T \in B(X_1, Y)$ が存在するとき, f は $x^0=(x_1{}^0, x_2{}^0) \in \Omega_1 \times \Omega_2$ で x_1 に関して**偏微分可能**という. T を $f_{x_1}(x^0)$ と書く. $f_{x_2}(x^0)$ も同様に定義される.

例 4.6　Ω を $\boldsymbol{R}^3$ における滑らかな境界をもつ有界領域とする. 第1章に定義したように $W_2{}^{(2)}(\Omega)$, $\mathring{W}_2{}^{(1)}(\Omega)$ を Sobolev 空間とする. $X=W_2{}^{(2)}(\Omega) \cap \mathring{W}_2{}^{(1)}(\Omega)$ は $W_2{}^2(\Omega)$ の閉部分空間となる. また Sobolev の埋蔵定理によって, X の元は $\bar{\Omega}$ 上で連続関数となる. このとき,

$$f(u, \lambda) = \triangle u+\lambda u^3$$

とおくと, $f(u, \lambda)$ は $X \times \boldsymbol{R}$ から $Y \equiv L^2(\Omega)$ への連続作用素となる. さらに, C^∞ 級の写像である. (u_0, λ_0) における微分は,

$$f_u(u_0, \lambda_0)[u] = \triangle u+3\lambda_0 u_0{}^2 u,$$
$$f_\lambda(u_0, \lambda_0) = u_0{}^3.$$

——

最後に, 積分の平均値の定理を述べよう. X の凸の開領域 U で $f \in C^1$ とする. $x, x' \in U$ に対して,

$$f(x')-f(x) = \left(\int_0^1 f_x(tx'+(1-t)x)\,dt\right)[x'-x]$$

が成立する. 実際,

$$\int_0^1 \frac{d}{dt} f(tx'+(1-t)x)dt$$

を計算してみればわかる.

§4.3 陰関数の定理

有限次元空間の写像の陰関数の定理を，Banach 空間の場合に拡張しよう.

定理 4.1(陰関数の定理) X, Y, Z を Banach 空間とする. f を $X\times Y$ の開集合 U で定義された U から Z への連続写像とする. $(x_0, y_0)\in U$ を,

$$f(x_0, y_0) = 0$$

を満たす点とし，次のように仮定する.

(a) 各 x を固定したとき, f は y につき Fréchet 微分可能であって，その Fréchet 微分 $f_y(x, y)$ は Z の一様位相に関して U で連続;

(b) $f_y(x_0, y_0)$ は Y から Z への 1 対 1 かつ上への線型写像である.

このとき，次のことが成り立つ.

(i) x_0 を中心にもつ閉球: $B_r(x_0)=\{x \mid \|x-x_0\|\leqq r\}$ を適当にとれば,

$$u(x_0) = y_0, \qquad f(x, u(x)) = 0$$

を満たす連続写像 $u: B_r(x_0)\to Y$ が一意的に存在する.

(ii) もし $f\in C^1(U)$ ならば, $u\in C^1(B_r(x_0))$ であって, $u_x(x)$ は,

$$u_x(x) = -[f_y(x, u(x))]^{-1}\circ f_x(x, u(x))$$

で与えられる.

(iii) もし $f\in C^p(U)$ $(p>1)$ ならば, $u_x(x)\in C^p(B_r(x_0))$.

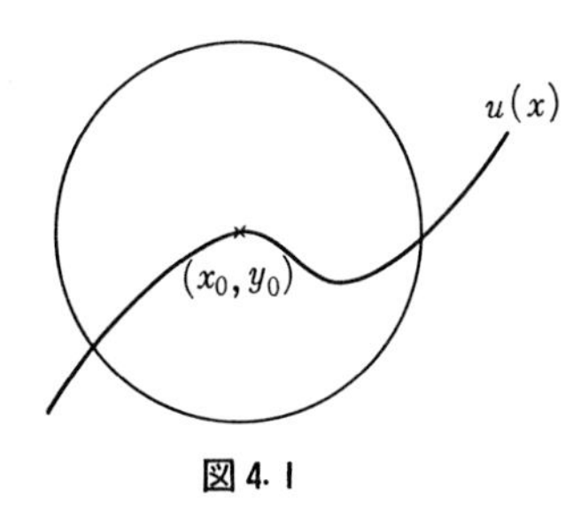

図 4.1

証明 $x_0=y_0=0$ と仮定しても一般性を失わない. 次に，方程式 $f(x, y)=0$ は,

$A=f_y(0,0)$ とおくと，

$$y = y-A^{-1}f(x, y)$$

と表わされる．この右辺を x, y の関数とみなして，

$$g(x, y) = y-A^{-1}f(x, y)$$

とおく．これを反復法で解こう．すなわち，

$$\begin{cases} u_0(x) = 0, \\ u_{k+1}(x) = g(x, u_k(x)) \end{cases} \tag{4.6}$$

と定める．原点を中心とした十分に半径の小さい球 $B_r(0)$ の上で，

$$\|u_{k+1}(x)-u_k(x)\| \leqq \frac{1}{2}\|u_k(x)-u_{k-1}(x)\|$$

を示す．もしこの評価式が示されれば $\{u_k\}$ は Cauchy 列となり，ある元 $u(x)$ に収束する．(4.6) より $u(x)=g(x, u(x))=u(x)-A^{-1}f(x, u(x))$．故に $f(x, u(x))=0$ となるからこの u が求める写像(曲線)である．これが方針である．

これを示す前に，A は1対1であり上への閉作用素であるから，(線型)関数解析の有名な閉グラフ定理[1]によって，その逆作用素 A^{-1} は有界作用素となることに注意する．(i)の証明からはじめよう．証明を4段に分ける．

(第1段)　r, δ を適当にとると，

$$g(x, y):\ B_r(0)\times B_\delta(0) \longrightarrow B_{3\delta/4}(0)\ ; \tag{4.7}$$

$$\|g(x, y_1)-g(x, y_2)\| \leqq \frac{1}{2}\|y_1-y_2\| \qquad (x\in B_r(0),\ \ y_1, y_2\in B_\delta(0)) \tag{4.8}$$

となることを示したい．$R(x, y)=Ag(x, y)$ とおくと，

$$\begin{aligned} R(x, y_1)-R(x, y_2) &= Ay_1-Ay_2-(f(x, y_1)-f(x, y_2)) \\ &= A(y_1-y_2)-\left(\int_0^1 f_y(x, ty_1+(1-t)y_2)dt\right)[y_1-y_2] \\ &\qquad\qquad (\text{平均値の定理より}) \\ &= \left(A-\int_0^1 f_y(x, ty_1+(1-t)y_2)dt\right)[y_1-y_2] \\ &= \left(\int_0^1 [f_y(0,0)-f_y(x, ty_1+(1-t)y_2)]dt\right)[y_1-y_2] \end{aligned} \tag{4.9}$$

となる．f_y は連続であるから，

1)　付録参照．

$$\|f_y(0,0)-f_y(x,y)\| < \frac{1}{2\|A^{-1}\|} \qquad (\|x\| \leqq r,\ \|y\| \leqq \delta)$$

を満たすように r, δ をとる．故に，(4.9) より，

$$\|R(x,y_1)-R(x,y_2)\| \leqq \frac{\|y_1-y_2\|}{2\|A^{-1}\|}.$$

よって，$g=A^{-1}R$ より，

$$\|g(x,y_1)-g(x,y_2)\| \leqq \frac{1}{2}\|y_1-y_2\| \qquad (x \in B_r(0),\ y_1, y_2 \in B_\delta(0)).$$

これは (4.8) を示している．他方，上に定めた δ に対し，r を

$$\|g(x,0)\| \leqq \frac{1}{4}\delta \qquad (x \in B_r(0))$$

が成立するくらいにさらに小さくとる．このとき，(4.8) より，$x \in B_r(0)$，$y \in B_\delta(0)$ に対して，

$$\begin{aligned}(4.10) \qquad \|g(x,y)\| &\leqq \|g(x,0)\| + \|g(x,y)-g(x,0)\| \\ &\leqq \frac{1}{4}\delta + \frac{1}{2}\|y\| \leqq \frac{3}{4}\delta.\end{aligned}$$

これは (4.7) を示している

(第2段) (4.6) によって構成された関数列 $\{u_k\}$ は次の性質をもつことを帰納法で示そう：

$$(4.11) \qquad \begin{cases} u_k \text{ は } B_r(0) \text{ から } B_{3\delta/4}(0) \text{ への連続写像,} \\ u_k(0) = 0. \end{cases}$$

$k=0$ のときは明らか．$k=n$ で成立すると仮定すると，(4.10) より，$u_{k+1}(x) \in B_{3\delta/4}(0)$ $(x \in B_r(0))$．次に，f は連続，A^{-1} は有界作用素であるから，$g(x,y)$ は x, y について連続となる．よって $u_{k+1}(x)=u_k(x)-A^{-1}f(x,u_k(x))$ は，連続となる．最後に，$u_{k+1}(0)=g(0,u_k(0))=g(0,0)=-A^{-1}f(0,0)=0$．故に，(4.11) はすべての自然数 k に対して成立する．

(第3段) (4.8) より，($u_k(x) \in B_\delta(0)$ に注意)

$$\|u_{k+1}(x)-u_k(x)\| \leqq \frac{1}{2}\|u_k(x)-u_{k-1}(x)\| \qquad (x \in B_r(0)).$$

これより，連続関数列 $\{u_k(x)\}$ は $B_r(0)$ 上一様に，ある元 $u(x)$ に収束する．(4.11) より $u(x)$ は $B_r(0)$ から $B_{3\delta/4}(0)$ への連続写像かつ $u(0)=0$ を満たす．さら

に，$u_{k+1}(x)=u_k(x)-A^{-1}f(x,u_k(x))$ で $k\to\infty$ とすれば，$A^{-1}f(x,u(x))=0$ となり，u は $f(x,u(x))=0$ を満たすことがわかる．

（第4段）　次に一意性を示そう．上のごとき r を，r_0 とおこう．u' を，$B_{r_0}(0)$ で定義され (i) で述べている性質をもつ任意の写像としよう．$\|u'(x_1)\|>\delta$ となる $x_1\in B_{r_0}(0)$ は存在しない．もし存在したと仮定すると，$\|u'(x')\|=\delta$ となる $x'\in B_{r_0}(0)$ が，u' の連続性より存在する．(t の関数として，$\|u'(tx_1)\|$ $(0\leqq t\leqq 1)$ を考えよ.) このとき，(4.8) を $y_1=u(x')$，$y_2=u'(x')$ として適用すると，

$$\|g(x',u(x'))-g(x',u'(x'))\|\leqq\frac{1}{2}\|u(x')-u'(x')\|$$

となる．ところが，$u=g(x',u)$，$u'=g(x',u')$ なる関係があるから，上式は $\|u(x')-u'(x')\|\leqq\|u(x')-u'(x')\|/2$ となる．これは，$u(x')=u'(x')$ を意味する．他方，$u(x)\in B_{3\delta/4}(0)$ であるから，これは矛盾．故に，$\|u'(x)\|\leqq\delta$ $(x\in B_{r_0}(0))$．このとき，同様にして，(4.8) より $u=u'$ となる．これで (i) の証明は終った．

次に (ii), (iii) を示す．$x, x+h\in B_r(0)$ に対して，$\varDelta_h u=u(x+h)-u(x)$ とおく．f は微分可能であるから，任意の $\varepsilon>0$ に対して $\|\varDelta_h u\|$ と $\|h\|$ が十分小さいとき，

$$\|f(x+h,u(x+h))-f(x,u(x))-f_x(x,u(x))h-f_y(x,u(x))\varDelta_h u\|\leqq\varepsilon(\|h\|+\|\varDelta_h u\|). \tag{4.12}$$

u は連続であるから，$\|h\|$ が十分小さければ，$\|\varDelta_h u\|$ も小さくなる．故に，$\|h\|$ が十分小さいとき，(4.12) が成り立つ．u は $f(x,u(x))=0$ を満たすから，(4.12) は，

$$\|f_x(x,u(x))h+f_y(x,u(x))\varDelta_h u\|\leqq\varepsilon(\|h\|+\|\varDelta_h u\|) \tag{4.13}$$

となる．他方，$x\to 0$ のとき，$f_y(x,u(x))\to f_y(0,0)$ であり，$[f_y(0,0)]^{-1}$ は有界作用素であるから，$\|x\|$ が十分小さいとき，$[f_y(x,u(x))]^{-1}$ は存在して，有界となる．すなわち，

$$\|[f_y(x,u(x))]^{-1}\|\leqq M\qquad(\|x\|\leqq r;\ r\text{ は十分小}) \tag{4.14}$$

(M は x によらぬ定数)．故に，(4.13) と (4.14) より，

$$\|\varDelta_h u+T(h)\|\leqq\varepsilon M(\|h\|+\|\varDelta_h u+T(h)\|+\|T(h)\|), \tag{4.15}$$

ここで，

$$T(h)=[f_y(x,u(x))]^{-1}\circ f_x(x,u(x))h.$$

この右辺を評価しよう．仮定より $f_x(x,u(x))$ は連続であるから，

$$\|f_x(x, u(x))\| \leqq M' \qquad (x \in B_r(0),\ M' : 正定数).$$

故に,

$$\|T(h)\| \leqq MM'\|h\| \qquad (x \in B_r(0))$$

となる. 故に, ε を $M\varepsilon < 1/2$ くらいに小さくとれば, (4.15) より,

$$\|\varDelta_h u + T(h)\| \leqq 2M\varepsilon(1+M')\|h\|$$

となる. これは, u が Fréchet 微分可能であって, Fréchet 微分は, $-T$ であることを示している. すなわち,

$$u_x(x) = -[f_y(x, u(x))]^{-1} \circ f_x(x, u(x)).$$

f が C^1 ならば, この右辺は連続となるから, $u \in C^1$. f が C^2 ならば, この右辺は C^1. 故に, $u \in C^2$. 以下, 帰納的に $f \in C^p$ ならば $u \in C^p$ となる. これより (ii), (iii) の成立することがわかる. ▌

最後に, 上の定理の系を定理の形で述べておこう.

定理 4.2 X, Y, Z を Banach 空間とし, $X \times Y$ の原点 $(0, 0)$ の近傍から Z への C^p 級の写像 f が次の仮定を満足するとする.

(i) $f(0, 0) = 0$;

(ii) $f_y(0, 0)$ の値域 $(\equiv R(f_y(0, 0))) = Z$;

(iii) $\mathrm{Ker}\, f_y(0, 0) \equiv \{y \mid f_y(0, 0)[y] = 0\}$ を Y_1 とおくと,

$$Y = Y_1 \oplus Y_2 \qquad (直和)$$

となる Y の閉部分空間 Y_2 が存在する.

このとき, 適当に δ, r をえらぶと, $\|x\| \leqq r$, $\|y_1\| \leqq \delta$ なる任意の $x \in X$, $y_1 \in Y_1$ に対し,

$$f(x, y_1 + u(x, y_1)) = 0,$$
$$u(0, 0) = 0$$

を満たす C^p 解 $y_2 = u(x, y_1)$ が一意的に存在する.

証明 $\tilde{X} = X \times Y_1$ とおいて, 陰関数の定理を, $g(\tilde{x}, y_2) \equiv f(x, y_1 + y_2)$ に適用すればよい. ▌

§4.4 分岐点の存在のための一般的スキーム

X, Y を Banach 空間とし, $f(x, \lambda)$ を $X \times \boldsymbol{R}$ の点 (x_0, λ_0) の近傍で定義され, Y に値をとる C^0 級の写像とする. ここで, (x_0, λ_0) は f の解, すなわち,

(4.16)
$$f(x_0, \lambda_0) = 0$$
である．$X\times \boldsymbol{R}$ のどんな（小さい）(x_0, λ_0) の近傍をとっても，その中に
$$f(x, \lambda) = 0$$
の解 (x, λ) が二つ以上存在するとき，(x_0, λ_0) を f の分岐点という．（以下，$x_0=0$ と仮定しても一般性を失わない．）さらに f を C^p 級 $(p\geqq 3)$ の写像と仮定しよう．

さて，$(0, \lambda_0)$ を f の分岐点とする．もし

"$f_x(0, \lambda_0)$ が X から Y の上への，1対1写像"

と仮定すれば，定理4.2より（以下陰関数の定理を適用する際 X と Y の役割が入れ替ることに注意），
$$f(x(\lambda), \lambda) = 0, \qquad x(\lambda_0) = 0$$
を満たす C^p 級の関数 $x(\lambda)$ が一意的に存在する．原点の近傍には，これ以外に存在しない．それ故，$(0, \lambda_0)$ が分岐点となるためには，$R(f_x(0, \lambda_0))$ $(=f_x(0, \lambda_0)$ の値域）が，Y に一致しないか，または一致しても，1対1でないことが必要である．例えば，例4.1の場合，
$$f_x(0, \lambda) = \begin{bmatrix} 1-\lambda & 0 \\ 0 & 1-2\lambda \end{bmatrix}$$
となるから，ちょうど固有値に対応している．

次に，$R(f_x(0, \lambda_0)) = Y$，$\dim \operatorname{Ker} f_x(0, \lambda_0) = N \geqq 1$ の場合を考えてみる．N が有限の場合，$\operatorname{Ker} f_x(0, \lambda_0)$ の基底を $x_1, \cdots, x_N$ とおくと，この空間の任意の元は，$\sum_{j=1}^{N} \mu_j x_j$ と表わされる．十分小さい $|\lambda-\lambda_0|, \mu_1, \cdots, \mu_N$ に対して，定理4.2を適用すれば，
$$f\left(\sum_{j=1}^{N} \mu_j x_j + u(\lambda, \mu_1, \cdots, \mu_N), \lambda\right) = 0$$
を満たす $u(\lambda, \mu_1, \cdots, \mu_N)$ が存在する．そして，$f(x, \lambda)$ の解は，
$$x = \sum_{j=1}^{N} \mu_j x_j + u(\lambda, \mu_1, \cdots, \mu_N) \qquad (|\lambda-\lambda_0|, \mu_1, \cdots, \mu_N \text{ が十分小})$$
と表わされる．故に，λ が λ_0 の近傍のとき解の構造に突然の変化が生じない．故に，$R(f_x(0, \lambda_0)) = Y$ の場合は興味が少ない．
$$R(f_x(0, \lambda_0)) \neq Y$$
の場合，分岐が生ずる可能性がある．

Ljapunov-Schmidt[1)] によって与えられた一般的なスキームを示しておこう．$X, Y, f, (x_0, \lambda_0)$ を上に述べた通りとする．問題は，

$$f(x, \lambda) = 0$$

の (x_0, λ_0) の近くの解の集合を求めることである．f に関して次のことを仮定する．

(i) $\mathrm{Ker}\, f_x(x_0, \lambda_0)$ は有限次元；

(ii) $R(f_x(x_0, \lambda_0))$ ($\equiv f_x(x_0, \lambda_0)$ の値域)は余次元が有限の閉部分空間である．

$(x_0, \lambda_0) = (0, 0)$ としよう．Y は，

$$Y = Y_1 \oplus Y_2 \qquad (\dim Y_2 < \infty;\ Y_1 = R(f_x(0, 0)))$$

と分解される．Q を Y_1 への射影としよう．X も，

$$X = X_1 \oplus X_2 \qquad (\dim X_1 < \infty;\ X_1 = \mathrm{Ker}\, f_x(0, 0))$$

と分解される．まず，

$$Qf(x, \lambda) = 0, \qquad (I-Q)(f(x, \lambda)) = 0$$

とする．定理4.2を(X と Y とが入れ替っている)，

$$Qf(x_1 + x_2, \lambda):\ X_2 \times (X_1 \times \boldsymbol{R}) \longrightarrow Y_1$$

として適用すると，

$$Qf(x_1 + u(x_1, \lambda), \lambda) = 0$$

の解 $x_2 = u(x_1, \lambda)$ $(\in X_2)$ が，0 の近傍で，一意的に存在する．よって $x = x_1 + u(x_1, \lambda)$ が $f(x, \lambda) = 0$ を満たすためには，未知関数 x_1 も有限個，方程式も有限個である有限次元の方程式：

$$(1-Q)f(x_1 + u(x_1, \lambda), \lambda) = 0 \qquad (u(0, 0) = 0) \tag{4.17}$$

を満たすことが必要かつ十分である．この方程式を**分岐方程式**という．これを満たす $(x_1(s), \lambda(s))$ $(\neq 0)$ (s：パラメータ)が存在すれば $(0, 0)$ は分岐点である．

§4.5 分岐点の存在定理

本講では残念ながら一般の場合には立ち入らない[2)]．ここでは，特別な場合：$\mathrm{codim}\, R(f_x(0, \lambda_0)) = \dim \mathrm{Ker}\, f_x(0, \lambda_0) = 1$ の場合を扱う．

---

1) Zur Theorie der linearen und nicht linearen Integralgleichungen, III Teil, Math. Ann. **65** (1910), 370–399.

2) 興味ある読者は Rocky Mountain Journal, **3**, No. 2 (1973)［特集号］を参照されたい．

定理 4.3　f は，$(0, \lambda_0) \in X \times \boldsymbol{R}$ のある近傍で定義され，そこから Banach 空間 Y への C^p 級 $(p \geqq 3)$ の写像とする．次の仮定を満たしているとする．

(i)　$f_\lambda(0, \lambda_0) = 0$；

(ii)　$\mathrm{Ker}\, f_x(0, \lambda_0) \equiv \{x \mid f_x(0, \lambda_0)[x] = 0\}$ は1次元，すなわち，$x_0 \in X$ を適当にとると，

$$\mathrm{Ker}\, f_x(0, \lambda_0) = \{\lambda x_0 \mid -\infty < \lambda < \infty\};$$

(iii)　$f_x(0, \lambda_0)$ の値域 $\equiv \{f_x(0, \lambda_0)[x] \mid x \in X\}$ $(\equiv Y_1)$ は余次元1の閉部分空間である；

(iv)　$f_{\lambda\lambda}(0, \lambda_0) \in Y_1$　かつ　$f_{\lambda x}(0, \lambda_0)[x_0] \notin Y_1$.

このとき，$(0, \lambda_0)$ は f の分岐点である．$(0, \lambda_0)$ の近傍での $f(x, \lambda) = 0$ の解の全体の集合は，互いに $(0, \lambda_0)$ で交叉する二つの C^{p-2} 級の曲線 Γ_1, Γ_2 からなり，Γ_1 は $(0, \lambda_0)$ で λ 軸に接していて，$\Gamma_1 = \{(x(\lambda), \lambda) \mid |\lambda - \lambda_0| < \varepsilon\}$ と表わされ，Γ_2 はあるパラメータ s $(|s| < \varepsilon)$ を用いて，$\Gamma_2 = \{(sx_0 + x_2(s), \lambda(s)) \mid |s| < \varepsilon\}$ と表わされる．ここで，$x_2(s), \lambda(s)$ は C^{p-2} 級で，$x_2(0) = dx_2(0)/ds = 0$，$\lambda(0) = \lambda_0$ を満たす．

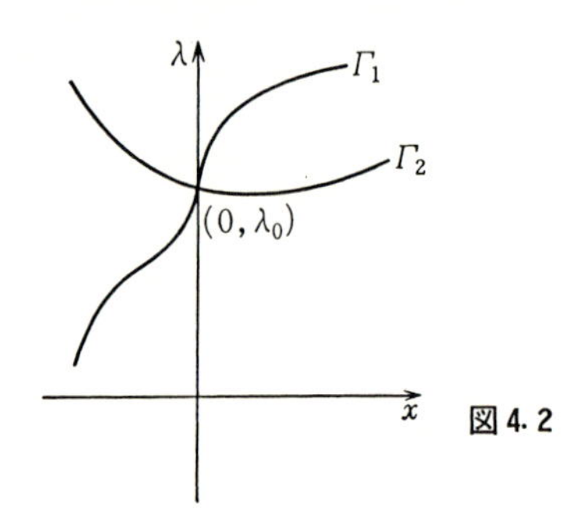

図 4.2

特に，すべての λ に対し

$$f(0, \lambda) \equiv 0$$

の場合 Γ_1 は λ 軸となる．——

例 4.7　例 4.1 で与えた方程式を考える．分岐の起り得るのは，前にみた通り，$f_x(0, \lambda) = \begin{bmatrix} 1-\lambda & 0 \\ 0 & 1-2\lambda \end{bmatrix}$ が特異となる場合である．すなわち，$\lambda = 1$ または $\lambda = 1/2$ が分岐が起る可能性がある．$\lambda = 1$ を考えてみよう．定理 4.3 の仮定を確かめよう．$X = Y = \boldsymbol{R}^2$ とする．(i) は明らか．(ii), (iii) も上の $f_x(0, \lambda)$ の形より明らか．

$f_{\lambda\lambda}(0,1)=0\in Y_1$. $x_0=\begin{bmatrix}1\\0\end{bmatrix}$ となるから，$f_{\lambda x}(0,1)[x_0]=\begin{bmatrix}-1&0\\0&-2\end{bmatrix}\begin{bmatrix}1\\0\end{bmatrix}=\begin{bmatrix}-1\\0\end{bmatrix}$ $\notin Y_1=\left\{\lambda\begin{bmatrix}0\\1\end{bmatrix}\middle|-\infty<\lambda<\infty\right\}$. 故に，仮定をすべて満たすから，$(0,1)$ は分岐点である．$(0,1/2)$ も同様にして分岐点となることがわかる．もちろん，直接計算してもわかる (例4.1をみよ)．——

例 4.8　常微分方程式の境界値問題：

$$(4.18)\qquad \begin{cases}-u_{tt}+h(u^2+u_t^2)u-\lambda(u+k(u^2+u_t^2)u)=0 & (0<t<\pi),\\ u(0)=u(\pi)=0\end{cases}$$

を考える．ここで，k,h は，$k(0)=h(0)=0$ を満たす C^1 関数である．X[1]$=\{u\in C^2[0,\pi]\mid u(0)=u(\pi)\}$，$Y=\{u\in C[0,\pi]\mid u(0)=u(\pi)\}$，さらに，(4.18) の第1式の左辺を $f(u,\lambda)$ とおこう．このとき，$(0,\lambda)$ において，

$$f_u(0,\lambda)[v]=-v_{tt}-\lambda v,\qquad v(0)=v(\pi)=0.$$

故に，分岐の起り得るのは，$\lambda=n^2$ $(n=1,2,\cdots)$ である．固有空間は，$\{\mu\sin nt\mid -\infty<\mu<\infty\}$ である．$(0,1)$ は上の定理の仮定を満たし，分岐点となることがわかる．しかし，この場合，分岐する関数は $u=c\sin t$ という形をしている．実際，これを仮定して，(4.18) に代入してみると，

$$-1=h(c^2)-\lambda(1+k(c^2))$$

となる．すなわち，$\lambda(c)=(1+h(c^2))/(1+k(c^2))$ ととればよい．——

例 4.9　Ω を $\boldsymbol{R}^3$ の中の滑らかな境界をもつ有界領域とする．そこで境界値問題：

$$\begin{cases}\triangle u-\lambda u=u^2 & (x\in\Omega),\\ u=0 & (x\in\partial\Omega)\end{cases}$$

を考える．$X=\mathring{W}_2{}^{(1)}(\Omega)\cap W_2{}^{(2)}(\Omega)$，$Y=L^2(\Omega)$，さらに，

$$f(u,\lambda)=\triangle u-\lambda u-u^2$$

とおく (例4.6をみよ)．このとき，$(0,\lambda)$ での微分は，

$$f_u(0,\lambda)[v]=\triangle v-\lambda v$$

となる．分岐点の候補は，$\triangle$ の固有値である．$\triangle$ の固有値は，$\cdots\leqq\lambda_2\leqq\lambda_1<\lambda_0<0$ となり最大固有値は<u>重複度1</u>である (重根でない)．これより，$(0,\lambda_0)$ は分岐点である．実際，定理の仮定を確かめればよい．仮定の (i), (ii) は明らか．x_0 は λ_0

1)　ノルムは $\max|d^ju(t)/dt^j|$ $(j=0,1,2)$.

に対応する $\triangle$ の固有関数 u_0 である．$f_u(0, \lambda_0)=\triangle-\lambda_0$ は自己共役作用素であるから，$f_u(0, \lambda_0)$ の値域 Y_1 に $L^2(\Omega)$ で直交する関数 $v(x)$ は, $\mathrm{Ker}\, f_u(0, \lambda_0)$ に入る．しかし，この空間の次元は，1次元である．故に，$\mathrm{codim}\, R(f_u(0, \lambda_0))=1$.

$$f_{u\lambda}(0, \lambda_0)[u_0] = -u_0 \perp Y_1 \text{（直交）}, \qquad f_{\lambda\lambda}(0, \lambda_0) = 0$$

となるから (iv) も成立する．故に，定理より，$(0, \lambda_0)$ は分岐点となる．しかも，分岐解は，(u_0, v を X の元とみて)

$$(u, \lambda) = (su_0+v(s), \lambda(s)) \qquad (|s|<\varepsilon)$$

という形をしている．ここで，$\lambda(s), v(s)$ は s の C^∞ 関数であって，$\lambda(0)=\lambda_0$, $v(x, 0)=dv(x, 0)/ds=0$. この解の $s=0$ の近くのふるまいをみてみよう．$\dot{\lambda}(0)<0$ を示そう．$\mu(s)=\lambda(s)-\lambda_0$ とおくと，

$$Au \equiv (\triangle-\lambda_0)u = \mu u+u^2$$

となる．これを s について微分すると，$\dot{u}=u_0+\dot{v}$, $\ddot{u}=\ddot{v}$ ($\dot{u}=\partial u/\partial s$) であるから，

$$A\dot{u} = \dot{\mu}u+\mu\dot{u}+2u\dot{u},$$

$$A\ddot{v} = \ddot{\mu}u+2\dot{\mu}\dot{u}+\mu\ddot{u}+2\dot{u}^2+2u\ddot{u}$$

となる．ここで，$s=0$ とおくと，

$$A\ddot{v}(0) = 2\dot{\mu}(0)u_0+2u_0{}^2$$

を得る．これに u_0 をかけて積分すると，

$$(4.19) \qquad 2\dot{\mu}(0)\|u_0\|_{L^2}{}^2+2\int_\Omega u_0{}^3(x)\,dx$$

$$= (A\ddot{v}(0), u_0) = (v(0), Au_0) = 0$$

となる．u_0 は $\triangle$ の最初の固有値に対する固有関数であるから，$u_0(x)>0$ ($x\in\Omega$) としてよい．さらに正規化すれば，その上，$\|u_0\|_{L^2}=1$ としてよい．故に，(4.

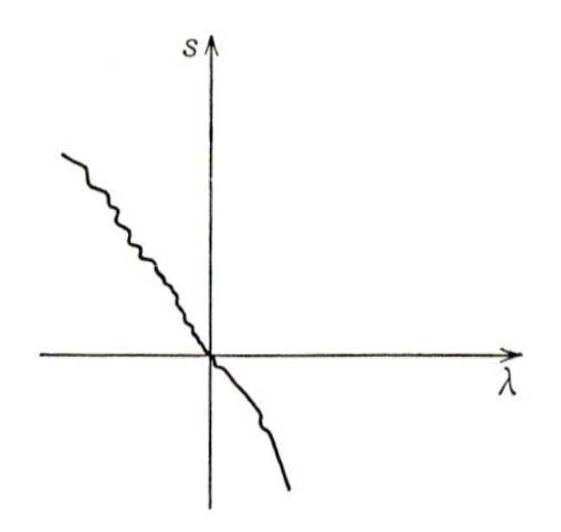

図 4.3

19) より，$\dot{\lambda}(0)=\dot{\mu}(0)<0$ となる (図 4.3). ——

例 4.10　Ω を $\boldsymbol{R}^3$ の中の滑らかな境界をもつ有界領域とする．境界値問題:

$$\begin{cases} \triangle u-\lambda u = u^3 & (x\in\Omega), \\ u=0 & (x\in\partial\Omega) \end{cases}$$

を考える．前と同様にして，$\triangle$ の最初の固有値 λ_0 に対し，$(0, \lambda_0)$ が分岐点とな

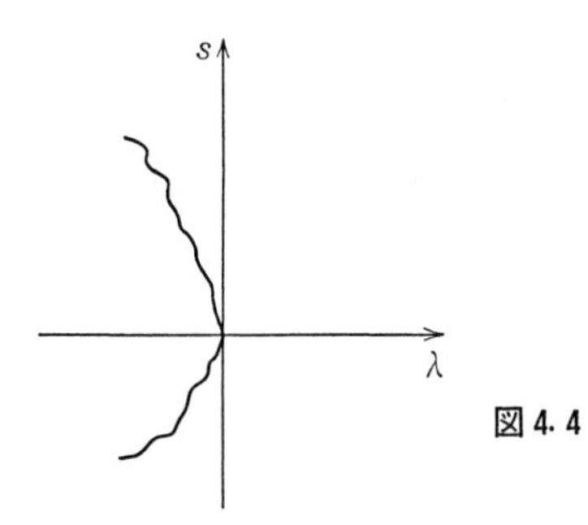

図 4.4

る．分岐する解を s でパラメータづけすると，$(u(s), \lambda(s))=(su_0+v(s), \lambda(s))$ となる．$\lambda(s)-\lambda_0=\mu(s)$ とおくと，前と同様に，$\lambda(0)=\dot{\lambda}(0)=0$, $\ddot{\lambda}(0)=-2\int_\Omega u_0{}^4dx<0$ を得る (図 4.4). ——

定理 4.3 の証明に入る前に $F(x)=0$ の解の局所的構造を調べるのに有用な，有名な Morse の補題の証明から始めよう．

補題 4.1 (Morse の補題)　F を $\boldsymbol{R}^n$ の原点の近傍で定義され C^p $(p\geqq 2)$ 級の実数値関数とする．もし

(1)　$F(0)=0$;

(2)　$\dfrac{\partial F(0)}{\partial x_j}=0 \quad (j=1, \cdots, n)$;

(3)　F のヘッシアン:

$$\det\left(\frac{\partial^2 F}{\partial x_j \partial x_k}\right)$$

が原点で 0 でない

が成立すれば，

(i)　$y(0)=0$;

(ii)　$\dfrac{\partial y_j(0)}{\partial x_k}=\delta_{jk}$　(δ_{jk}: Kronecker のデルタ);

(iii) $F(x)=\dfrac{1}{2}\sum_{j,k=1}^{n}\dfrac{\partial^2F(0)}{\partial x_j\partial x_k}y_j(x)y_k(x)$

となる座標変換 $y(x)=(y_1(x),\cdots,y_n(x))$ が原点の近傍で存在する.

証明 まず, F が

$$F(x)=\sum_{j=1}^{n}\varepsilon_j(z_j(x))^2 \qquad (\varepsilon_j=\pm 1,\ \varepsilon_{j-1}\leqq\varepsilon_j) \tag{4.20}$$

となる形に変換されることをみる. 仮定より,

$$F(x)=\int_0^1(1-t)\frac{d^2}{dt^2}F(tx)dt=\sum_{j,k=1}^{n}a_{jk}(x)x_jx_k$$

となる. ここで,

$$a_{jk}(x)=\int_0^1(1-t)\left.\frac{\partial^2F(y)}{\partial y_j\partial y_k}\right|_{y=tx}dt.$$

(I) ある j に対し $a_{jj}(0)\neq 0$ の場合: 例えば, $a_{11}(0)\neq 0$ と仮定する. $z_1=\sum_{j=1}^{n}a_{1j}(x)|a_{11}(x)|^{-1/2}x_j$, $z_j=x_j\ (j\neq 1)$ と変換する. これによって,

$$F(x)=\pm z_1{}^2+Q(z_2,\cdots,z_n)$$

となる. ここで, Q は $z_2,\cdots,z_n$ の2次形式である. この変換は, $\det(\partial z_j/\partial x_k)\neq 0$ $(x=0)$ であるから, 許される.

(II) すべての j に対し $a_{jj}(0)=0$ の場合: ヘッシアンが0でないから, ある $a_{jk}(0)$ は0でない. これを a_{12} としよう. 新しい座標を,

$$x_1=u_1-u_2,\qquad x_2=u_1+u_2,\qquad x_j=u_j\quad (j>2)$$

により導入する. こうすると(I)の場合に帰着される. この操作を繰り返し適用すれば, 求める形(4.20)に F を表わす座標が構成される.

行列 $(\partial^2F(0)/\partial x_j\partial x_k)$ は実対称行列であるから,

$$A^*\left(\frac{\partial^2F(0)}{\partial x_j\partial x_k}\right)A=\begin{bmatrix}\varepsilon_1 & & 0\\ & \ddots & \\ 0 & & \varepsilon_n\end{bmatrix}$$

となる正則行列 A が存在する. したがって, (4.20)に変換した座標系 $z(x)$ に対して, $y(x)=\sqrt{2}\,Az(A^{-1}x)$ とすれば F は定理で述べている形となる. ▌

系 上の補題の仮定の外に, $n=2$ かつ

$$\sum_{j,k=1}^{2}\frac{\partial^2F(0)}{\partial x_j\partial x_k}y_jy_k$$

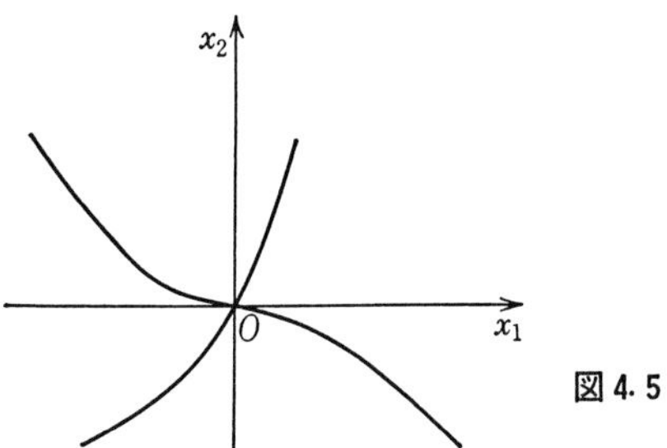

図 4.5

が不定形式ならば，$F(x)=0$ の原点の近くでの解の集合は，原点で交叉する二つの C^{p-2} 級の曲線である．——

補題 4.2　f を X の原点の近傍で定義され $f(0)=0$ を満たす Y への C^p 級 $(p\geqq 2)$ の写像とする．もし，

(1)　$\mathrm{Ker}\, f_x(0)\equiv X_1$ は有限次元（d 次元）空間；

(2)　$f_x(0)$ の値域の余次元は 1，すなわち，$\langle y^*, f_x(0)[x]\rangle=0$ $(x\in X)$ なる 0 でない連続線型汎関数 y^* が存在する；

(3)　$d\times d$ の対称行列 $(y^*f)_{x_1x_1}(0)$ は非退化の不定行列

ならば，原点の近傍での $f(x)=0$ の解の集合は，原点を頂点とした $d-1$ 次元の錐を変形したものである．特に，$d=2$, $p\geqq 3$ のとき，解の集合は，原点で横断的に交叉している C^{p-2} 級の曲線からできている．

証明　前節でみたように，$f(x)=0$ は分岐方程式 (4.17) と同値，したがって

$$F(x_1)\equiv\langle y^*, f(x_1+x_2(x_1))\rangle=0 \qquad (x_1\in X_1),\tag{4.21}$$
$$x_2(0)=0, \qquad x_2(x_1)\in X_2$$

と同値である．（パラメータ λ については定数とみなす.）有限次元空間 X_1 上の関数 $F(x_1)$ に Morse の補題を適用する．補題 4.1 の仮定 (1) は明らか．$x_2(x_1)$ は，

$$Qf(x_1+x_2(x_1))=0, \qquad x_2(0)=0$$

の解であるから，これを x_1 で微分すると，

$$Qf_x(0)\left[x_1+\frac{\partial x_2}{\partial x_1}(0)[x_1]\right]=0$$

となる．$f_x(0)[x_1]=0$ $(x_1\in X_1)$ であり，Q は $R(f_x(0))$ の上への射影であるから，

$$f_x(0)\left[\frac{\partial x_2}{\partial x_1}(0)[x_1]\right]=0$$

となる．$f_x(0)$ は X_2 の上の1対1写像である．さらに $x_2(x_1)\in X_2$ より，その微分も X_2 の元であるから，$(\partial x_2(0)/\partial x_1)[x_1]\in X_2$ である．よって，

$$\frac{\partial x_2(0)}{\partial x_1}[x_1]=0 \qquad (x_1\in X_1). \tag{4.22}$$

これは，$\partial x_2(0)/\partial x_1=0$ を意味する．故に，

$$F_{x_1}(0)[x_1]=\left\langle y^*, f_x(0)\left[x_1+\frac{\partial x_2(0)}{\partial x_1}[x_1]\right]\right\rangle$$
$$=\langle y^*, f_x(0)[x_1]\rangle=0.$$

これは仮定の(2)を示している．同様に，仮定(3)を満たす．実際，

$$F_{x_1x_1}(0)=(y^*f)_{xx}(0)$$

は仮定より非退化の不定行列である．よって，Morse の補題の仮定をすべて満たすから，(4.21)の解は(4.20)より，

$$\sum_{j=1}^{n}\varepsilon_j(z_j(x_1))^2=0$$

の形となる．よって上の補題を得る．▮

定理4.3の証明　$\lambda_0=0$ と仮定してもよい．$\hat{X}=X\times\boldsymbol{R}$，$f(x,\lambda)=f(\hat{x})$ とすると，

$$f_{\hat{x}}(0)=f_x(0,0)\oplus f_\lambda(0,0)$$

となる．$f(\hat{x})$ が補題4.2の仮定を満たすことを確かめよう．定理の仮定の(i)と(ii)より，$\mathrm{Ker}\, f_{\hat{x}}(0)$ は $(x_0,0)$ と $(0,1)$ によって張られる2次元空間である．y^* を Y_1 上で0となる自明でない連続線型汎関数とする．補題4.2の仮定(1),(2)は明らかより仮定(3)を調べればよい．すなわち，行列

$$Q\equiv\begin{bmatrix} y^*f_{x_0x_0}(0,0) & y^*f_{x_0\lambda}(0,0)\\ y^*f_{x_0\lambda}(0,0) & y^*f_{\lambda\lambda}(0,0)\end{bmatrix}$$

が非退化で不定行列ならばよい．定理の仮定(iv)より，(2,2)成分は0．(2,1)成分は，定理の仮定(iv)より0でない．(もし0なら Y 全体で y^* が0となるから.) 故に，上の行列の行列式は，$-(y^*f_{x_0\lambda}(0,0))^2<0$ となるから，行列 Q は非退化な不定行列となる．故に，補題4.2より，解の集合は，原点で横断的に交叉している C^{p-2} 級の曲線 Γ_1,Γ_2 よりなる．ところが，その曲線の原点における接線は，

(4.22) より，$(x_0, 0)$ と $(0, 1)$ で張られた空間に入っている．曲線を定める方程式：$y^*f(\hat{x}_1+\hat{x}_2(\hat{x}_1))=0$ に，$y^*f_{\lambda\lambda}(0,0)=0$ を考慮して Morse の補題を適用すれば，Γ_1 と Γ_2 の中の一つは λ 軸に接することがわかる．▮

問　　題

1　例 4.10 で述べた事柄を，例 4.9 にならって証明せよ．

2　H を Hilbert 空間とし，

$$f(x, \lambda) = \lambda x - Lx - Nx$$

とする．ここで，L は H の中のコンパクトな自己共役（線型）作用素，N は

$$N0 = 0,$$
$$\|Nx-Ny\| \leqq M(\|x\|^p+\|y\|^p)\|x-y\| \qquad (x, y \in H,\ \ M, p\text{: 正定数})$$

を満たす H から H へのコンパクト作用素とする．λ_0 を L の固有値，$x_1, \cdots, x_n$ を対応する L の正規直交化された固有関数としよう．Q を $x_1, \cdots, x_n$ の直交補空間 $[x_1, \cdots, x_n]^\perp$ への射影とすると，分岐方程式は

$$(*) \qquad y = (\lambda I - L)^{-1}Q\left(N\left(y+\sum_{j=1}^{n}\varepsilon_j x_j\right)\right) \qquad (y \in [x_1, \cdots, x_n]^\perp),$$

$$\varepsilon_j(\lambda-\lambda_0) = \left(N\left(y+\sum_{i=1}^{n}\varepsilon_i x_i\right), x_j\right) \qquad (j=1, \cdots, n)$$

となることを示せ．さらに，$(*)$ の解 $y=y(\varepsilon_1, \cdots, \varepsilon_n)$ は，$\|y\|=o(|\varepsilon|^{p+1})$ となることを示せ．

3　上の問題 2 の仮定の外，さらに，

(i)　$(Nx, x) > 0 \quad (x \neq 0)$；

(ii)　N は $p+1$ 次の斉次作用素である，すなわち，

$$N(\sigma x) = \sigma^{p+1}Nx$$

なる仮定を満たすとする．$\lambda \to \lambda_0$ のとき $x(\lambda) \to 0$ となる

$$f(x, \lambda) = \lambda x - Lx - Nx = 0$$

の自明でない解 $x(\lambda)$ が存在するためには，$\lambda > \lambda_0$ となることが必要である．

4　$\boldsymbol{R}^n$ において，

$$x = \lambda Lx + N_1(x, y),$$
$$y = \lambda Ly + N_2(x, y)$$

なる方程式系を考える．ここで，L は自己共役な正値行列，N_1, N_2 は原点のまわりの展開が 2 次の項から始まっている n 次元ベクトル x, y の実解析関数とする．このとき，

(a)　$(y, N_1(x, y)) + (x, N_2(x, y)) \neq 0 \ ((x, y) \neq 0)$ ならば，$(0, 0)$ 以外解をもたぬことを示せ．

(b) λ_1^{-1} を L の最小固有値とする．λ が λ_1 に十分近いとき自明でない解 (x, y) をもつための N_1, N_2 に対する条件を見つけよ．

5 Γ_1 と Γ_2 の中の一つは λ 軸に接することを91ページでのべたが，これを示せ．

［ヒント］ Γ_1, Γ_2 を $(x(s), \lambda(s))$ で表わし，十分小さい実数 s に対し $(\alpha, \beta$ は実数$)$

$$(x(s), \lambda(s)) = s\alpha(x_0, 0) + s\beta(0, 1) + o(s)$$

と展開し，これを $y^*f(x(s), \lambda(s)) = 0$ に代入する．s^2 の係数を考えよ．

第5章　解析的楕円型方程式の解の解析性

§5.1　Hilbert の問題

今世紀初め 1900 年，パリで開かれた第 2 回国際数学者会議において，Hilbert は 23 題の未解決の問題を提出した．その第 19 番目の問題を，Hilbert(一松信訳) "数学の問題"，現代数学の系譜 4，共立出版，pp. 37-38 から引用してみよう．

解析関数論の基礎のうち最も注目すべき事情の一つは，その解がすべて独立変数の解析関数であるような，すなわち短くいえば解析的な解だけしかもたないような偏微分方程式があることであると私は思う．この種の最もよく知られた偏微分方程式は，ポテンシャルの方程式 [Laplace の方程式]

$$\frac{\partial^2 f}{\partial x^2}+\frac{\partial^2 f}{\partial y^2}=0$$

および Picard の研究した線型微分方程式，さらに微分方程式

$$\frac{\partial^2 f}{\partial x^2}+\frac{\partial^2 f}{\partial y^2}=e^f,$$

極小曲面の偏微分方程式，その他である．これらの多種類の偏微分方程式は，注意すべきことだが，互いに関連している．それらはある変分問題の Lagrange の微分方程式であり，特に，

$$\iint F(p, q, z\,;x, y)\,dxdy \qquad \left(p=\frac{\partial z}{\partial x},\ q=\frac{\partial z}{\partial y}\right) \tag{5.1}$$

を最小にする，という変分問題であって，どの問題でも不等式

$$\frac{\partial^2 F}{\partial p^2}\frac{\partial^2 F}{\partial q^2}-\left(\frac{\partial^2 F}{\partial p\partial q}\right)^2>0 \tag{5.2}$$

が成立し，F 自身が解析関数であるものである．このような変分問題を，**正則な**変分問題とよぼう．正則な変分問題は特に幾何学や力学や数理物理学に重要な役を果たす．そして正則な変分問題の解はすべて必然的に**解析**関数でなければならないか，すなわち，**正則な変分問題の Lagrange の偏微分方程式は，解析的な解だけしか許されないという性質をもつか**，という問題が起こる．——それはポテンシャルの Dirichlet 問題 [境界値問題] で，境界値が解析的でない連続関数であっても，解が解析的になるというようなものである．

さらにたとえば**負の**定曲率曲面では，連続かつ微分可能であるが解析的ではない関数で表わされるものがあるが，一方，**正の**定曲率曲面はすべて解析的曲面であるらしいと

いうことを注意する．正の定曲率曲面は正則な変分問題と次のような形で密接に関連していることにも注意しておく．すなわちそれは閉曲線を境界にして曲面を張り，その曲面積を最小にして，しかもその曲線を縁にする他の定曲面とで囲む体積を一定の値にせよ，という変分問題である．

条件(5.2)は，(5.1)に対する Euler 方程式が楕円型であるということであるから，上の問題は，“解析的(上では正則といっている)非線型楕円型方程式の解は必ず解析的となるか”となる．1904年，S. Bernstein は，**2個**の独立変数をもつ解析的**2階**非線型楕円型方程式の3回微分可能な解は必ず解析的となることを示した．この別証明が，その後，M. Gevrey, T. Radó, H. Lewy, S. Bernstein 自身によって与えられた．1932年，E. Hopf [Math. Zeit. **34**(1932), 194-233] は，**任意個数**の独立変数をもつ解析的**2階**非線型楕円型方程式の解の解析性を示した．その後, I. G. Petrovskii [Rec. Math. N. S. Mat. Sbornik **5**(**47**), (1939), 3-70] は，この結果を解析的な**高階**非線型方程式**系**にまで拡張した．第1章に述べたごとく，楕円型方程式系の意味が Douglis-Nirenberg によって拡張されるや，この新しい意味での楕円型方程式系の解の解析性が，C. Morrey [Amer. J. Math. **80** (1958), 198-218, 219-234] と A. Friedman [J. Math. Mech. **7**(1958), 43-58] によって証明された．さらに，彼等は考えている領域の境界の一部で解が解析的な値をとれば，その一部を超えて解析的に延長されることをも示した．Bernstein-Gevrey-Radó-Friedman が，解 u の微分 $D^\alpha u$ を次々に評価していくのに反して，Lewy-Hopf-Petrovskii-Morrey は微分方程式を積分方程式に直し，その積分核(Kernel)の変数を複素数にまで拡張するという証明方法をとっている．

本講では Morrey の方法に従って述べよう．ただ，Morrey の原論文は甚だ難解である．

§5.2　$\triangle u=f$ の場合

全体の展望を得るために，この節では，簡単な楕円型方程式：

(5.3)
$$\triangle u(x)=f(x) \qquad (x\in B_R)$$

を取り上げてみる．ここで，B_R は半径 R の n 次元球：

$$B_R=\{x\,|\,|x|<R\}$$

である．$0<\theta<1$ を固定しよう．このとき，“もし f が $\bar{B}_R$ で解析的ならば，

$C^{2+\theta}(B_R)$ に属する (5.3) の解 u は解析的となる"ことは，次のようなステップで証明される．ただし，以下の命題 5.1, 5.3 は §5.5 で証明する．

$\triangle$ の基本解 $K(x)$：

$$(5.4)\qquad K(x)=\begin{cases} -\dfrac{1}{(n-2)|\omega_{n-1}|}|x|^{2-n} & (n>2), \\ \dfrac{1}{2\pi}\log|x| & (n=2) \end{cases}$$

($|\omega_{n-1}|$: $n-1$ 次元単位球面の面積) を用いて，積分

$$\int_{B_R}K(x-y)\triangle u(y)dy$$

を計算する．Green の公式より，

$$(5.5)\qquad u(x)=-\int_{|y|=R}K(x-y)\frac{\partial u(y)}{\partial n_y}dS+\int_{|y|=R}\frac{\partial}{\partial n_y}K(x-y)u(y)dS +\int_{B_R}K(x-y)f(y)dy$$

($\partial/\partial n_y$ は外向き法線方向の微分を表わす)．この右辺の最初の 2 項までの和を v，最後の B_R 上の積分の項を w とすると，$u=v+w$ となる．$f\in C^{\theta}(B_R)$ とすれば，ポテンシャル論でよく知られているごとく，

$$(5.6)\qquad \triangle v=0,\qquad \triangle w=f$$

が成り立つ．v と w の性質を述べよう．まず v から始める．この v は x について解析的に

$$(5.7)\qquad B_{h,R}=\{x=\boldsymbol{x}_1+i\boldsymbol{x}_2\,|\,|\boldsymbol{x}_2|<h(R-|\boldsymbol{x}_1|)\}$$

まで延長される．h は $0<h<1$ なる定数である．(以下このような h を固定する.) 実際，$|y|=R$ なる y と $x\in B_{h,R}$ $(x=\boldsymbol{x}_1+i\boldsymbol{x}_2)$ に対して，

$$R=|y|\leqq|y-\boldsymbol{x}_1|+|\boldsymbol{x}_1|$$

であるから

$$\mathrm{Re}\sum_{j=1}^{n}(x_j-y_j)^2=|\boldsymbol{x}_1-y|^2-|\boldsymbol{x}_2|^2 > (1-h^2)(R-|\boldsymbol{x}_1|)^2$$

となる．したがって，積分核 $K(x-y)$ は y が $|y|=R$ 上を動くとき，x について $B_{h,R}$ で解析的．故に，v は解析的に延長される．より詳しく述べるために関

数空間

$$\boldsymbol{H}^{k+\theta}(B_{h,R}) = \{f \in C^{k+\theta}(B_{h,R}) \mid f \text{ は } B_{h,R} \text{ で正則}\}$$[1)]

を導入しよう．関数空間 $C^{k+\theta}(B_R)$，$\boldsymbol{H}^{k+\theta}(B_{h,R})$ にそれぞれセミノルム

(5.8)
$$\|f\|_{k+\theta,R} = \sup_{x,y,\alpha}\frac{|D^\alpha f(x)-D^\alpha f(y)|}{|x-y|^\theta}$$
$$(x, y \in B_R,\ x \neq y,\ |\alpha|=k),$$

(5.9)
$$\|f\|_{k+\theta,R,h} = \sup_{x,y,\alpha}\frac{|D^\alpha f(x)-D^\alpha f(y)|}{|x-y|^\theta}$$
$$(x, y \in B_{h,R},\ x \neq y,\ |\alpha|=k)$$

を導入する．このとき次の命題が成り立つ．

命題 5.1　$u \in C^{2+\theta}(B_R)$ に対して，

(5.10)
$$v(x) = -\int_{|y|=R} K(x-y)\frac{\partial u(y)}{\partial n_y}dS + \int_{|y|=R}\frac{\partial}{\partial n_y}K(x-y)u(y)dS$$

とおくと，次の三つのことが成立する．

（i）$v \in \boldsymbol{H}^{2+\theta}(B_{h,R})$；

（ii）$\triangle v = 0$；

（iii）評価は

(5.11)
$$\|v\|_{2+\theta,R,h} \leqq M_1\|u\|_{2+\theta,R}$$

である．（ここで，M_1 は n, θ, h にはよるが R, v によらぬ定数．）——

次に，(5.6) の w を考えよう．次の命題 5.2 が成立する．（これはよく知られていることであるので証明はしない．）[2)]

命題 5.2　$f \in C^\theta(B_R)$ とする．

(5.12)
$$w(x) = \int_{B_R} K(x-y)f(y)dy$$

とおくと，

（i）$w \in C^{2+\theta}(B_R)$；

（ii）$\triangle w = f$

である．——

---

1) $f \in C^{k+\theta}(B_{h,R})$ とは $f(x)=f(\boldsymbol{x}_1+i\boldsymbol{x}_2)$ を $\boldsymbol{x}_1$ と $\boldsymbol{x}_2$ の $2n$ 実変数の関数とみなし，$B_{h,R}$ を $2n$ 次元実空間の領域とみなして $C^{k+\theta}(B_{h,R})$ に入ることを意味する．

2) 付録 § A. 3，b) 参照．

しかし，f が解析的のときは，w も解析的となる．すなわち

命題 5.3　$f\in \boldsymbol{H}^{\theta}(B_{h,R})$ とする．このとき，(5.12) によって定義された w は，次の (i)-(iii) を満たす．

(i)　$w\in \boldsymbol{H}^{2+\theta}(B_{h,R})$；

(ii)　$\triangle w=f$；

(iii)　評価は

$$\|w\|_{2+\theta,R,h}\leqq M_2\|f\|_{\theta,R,h} \tag{5.13}$$

である．(M_2 は θ, n, h によるが f, R にはよらぬ定数.) ——

以上の命題から，(5.3) の解 u は $B_{h,R}$ で解析的となる．一般の解析性定理を示すためにも，上の命題 5.1, 5.3 は基本となる．そのためにも，上の評価式を別なノルムで表わした方が都合がよい．それに関して，部分空間 $C^{k+\theta,0}(B_R)$, $\boldsymbol{H}^{k+\theta,0}(B_{h,R})$ を導入する：

$$\begin{aligned} C^{k+\theta,0}(B_R)&=\{f\in C^{k+\theta}(B_R)\mid D^{\alpha}f(0)=0\ (|\alpha|\leqq k)\},\\ \boldsymbol{H}^{k+\theta,0}(B_{h,R})&=\{f\in C^{k+\theta}(B_{h,R})\mid f \text{ は } B_{h,R} \text{ で正則},\\ &\qquad D^{\alpha}f(0)=0\ (|\alpha|\leqq k)\}. \end{aligned} \tag{5.14}$$

このとき，$f\in C^{k+\theta,0}(B_R)$ に対し，

$$|D^{\beta}f(x)|\leqq R^{k+\theta-|\beta|}\|f\|_{k+\theta,R}\qquad (|\beta|\leqq k), \tag{5.15}$$

また，$f\in \boldsymbol{H}^{k+\theta,0}(B_{h,R})$ に対して，

$$|D^{\beta}f(x)|\leqq R^{k+\theta-|\beta|}\|f\|_{k+\theta,R,h}\qquad (|\beta|\leqq k). \tag{5.16}$$

の成立が容易にわかる．故に，$\|f\|_{k+\theta,R}$ と $\|f\|_{k+\theta,R,h}$ はそれぞれ $C^{k+\theta,0}(B_R)$, $\boldsymbol{H}^{k+\theta,0}(B_{h,R})$ でのノルムになる．

ところが (5.12) によって定義された積分作用素は $C^{\theta}(B_R)$ から $C^{2+\theta}(B_R)$ への作用素であったが，$C^{\theta,0}(B_R)$ から $C^{2+\theta,0}(B_R)$ への作用素ではない．しかしながら，(5.12) を，

$$U_R[f](x)=\int_{B_R}K(x-y)f(y)dy \tag{5.17}$$

とおき，

$$P_R[f](x)=U_R[f](x)-\sum_{|\alpha|\leqq 2}\frac{1}{\alpha!}D^{\alpha}U_R[f](0)\cdot x^{\alpha} \tag{5.18}$$

と定めると，P_R は $C^{\theta,0}(B_R)$ から $C^{2+\theta,0}(B_R)$ への作用素となることがわかる．

さらに，命題5.2より

$$\triangle P_R[f](x) = \triangle U_R[f](x) + \text{定数} = f(x) + \text{定数}$$

となる．ここで，$x=0$とおくと，$P_R[f] \in C^{2+\theta,0}(B_R)$，$f \in C^{\theta,0}(B_R)$であるから，定数$=0$となる．すなわち，

$$\triangle P_R[f](x) = f(x).$$

また，$D^\alpha P_R[f] = D^\alpha U_R[f] + \text{定数}$ $(|\alpha|=2)$とよく知られた積分作用素の評価から，

$$\|D^\alpha P_R[f]\|_{\theta,R} = \|D^\alpha U_R[f]\|_{\theta,R} \leqq M\|f\|_{\theta,R} \qquad (|\alpha|=2) \tag{5.19}$$

(M: 正定数)となる．よって命題5.2に対応する次の命題5.4を得る．

命題 5.4 $f \in C^{\theta,0}(B_R)$とする．

$$w(x) = P_R[f](x)$$

とおくと，

(i) $w \in C^{2+\theta,0}(B_R)$;

(ii) $\triangle w = f$

が成立する．——

命題5.2と同様に，命題5.3も$\boldsymbol{H}^{2+\theta,0}(B_{h,R})$の関数でいいかえられる．

命題 5.5 $f \in \boldsymbol{H}^{\theta,0}(B_{h,R})$とする．このとき，$w=P_R[f]$は次の性質をもつ．

(i) $w \in \boldsymbol{H}^{2+\theta,0}(B_{h,R})$;

(ii) $\triangle w = f$;

(iii) 評価は

$$\|w\|_{2+\theta,R,h} \leqq M_2\|f\|_{\theta,R,h} \tag{5.20}$$

である．——

次に命題5.1に対応する命題を考えてみる．$u \in C^{2+\theta}(B_R)$に対して，

$$\begin{aligned} Q_R[u](x) = &-\int_{|y|=R} K(x-y)\frac{\partial u(y)}{\partial n_y}dS \\ &+\int_{|y|=R}\frac{\partial}{\partial n_y}K(x-y)u(y)dS \\ &+\sum_{|\alpha|\leqq 2}\frac{1}{\alpha!}D^\alpha U_R[f](0)\cdot x^\alpha \end{aligned} \tag{5.21}$$

とおく．命題5.4より，$\triangle(U_R[f]-P_R[f])=0$となるから，(5.18)の右辺第2

項，したがって(5.21)の右辺第3項は調和関数となる．命題5.1より，右辺第1項も第2項も調和関数となるから $\triangle Q_R[u]=0$ および $Q_R[u]\in \boldsymbol{H}^{2+\theta}(B_{h,R})$ となる．しかも，(5.5), (5.18)と(5.21)より，

(5.22) $$u(x)=Q_R[u](x)+P_R[f](x)$$

となる．$u\in C^{2+\theta,0}(B_R)$ とすれば，$D^\alpha u(0)=D^\alpha P_R[u](0)=0$ $(|\alpha|\leqq 2)$ となるから，$D^\alpha Q_R[u]=0$ $(|\alpha|\leqq 2)$．ゆえに，$Q_R[u]\in \boldsymbol{H}^{2+\theta,0}(B_{h,R})$．$|\alpha|=2$ なる α に対して，$D^\alpha Q_R[u](x)=D^\alpha v(x)+$定数($v$ は(5.10)によって定義された関数である)．であるから，

$$\|Q_R[u]\|_{2+\theta,R,h}=\|v\|_{2+\theta,R,h}.$$

これと(5.11)より，

$$\|Q_R[u]\|_{2+\theta,R,h}\leqq M_1\|u\|_{2+\theta,R}.$$

すなわち，次の命題が成り立つ．

命題 5.6 $u\in C^{2+\theta,0}(B_R)$ に対して，

$$v(x)=Q_R[u](x)$$

とおくと，

(i) $v\in \boldsymbol{H}^{2+\theta,0}(B_{h,R})$；

(ii) $\triangle v=0$；

(iii) 評価は

(5.23) $$\|Q_R[u]\|_{2+\theta,R,h}\leqq M_1\|u\|_{2+\theta,R}$$

である．——

§5.3 解の解析性定理

(1.9)を満たす整数 s_j, t_j が与えられているとしよう．$\boldsymbol{R}^n$ の領域 Ω で定義された関数 $u^j\in C^{t_j+\theta}(\Omega)$ $(0<\theta<1)$ に対し，$u=(u^1,\cdots,u^N)$ とおく．

このとき，次の定理が成り立つ．

定理 5.1 u を，u に沿って解析的な楕円型方程式系

$$F_j(x,u^1,\cdots,u^N,\cdots,D^\alpha u^k,\cdots)=0 \qquad (j=1,\cdots,N)$$

の解とすれば，u は Ω で解析的となる．ここで，F_j の中にでてくる u^k の微分の階数は高々 s_j+t_k である．——

この定理によって Navier-Stokes 方程式(1.15)の解 $u=(u^1,u^2,u^3)$，u^4 がも

し $u\in C^{2+\theta}(\Omega)$, $u^4\in C^{1+\theta}(\Omega)$ を満たすことが示されれば自動的に u, u^4 が解析的となるのである．さらに，極小曲面の方程式の解も解析的である．

証明　証明の本質は同じであるから，一般の高階解析的非線型楕円型方程式系の代りに，実[1] 2階単独方程式

$$F\left(x, u, \cdots, \frac{\partial u}{\partial x_i}, \cdots, \frac{\partial^2 u}{\partial x_j \partial x_k}, \cdots\right)=0 \tag{5.24}$$

に対し定理を証明する．簡単のため，

$$u_j=\frac{\partial u}{\partial x_j}, \qquad \nabla u=(u_1, \cdots, u_n),$$

$$u_{jk}=\frac{\partial^2 u}{\partial x_j \partial x_k}, \qquad \nabla^2 u=(u_{11}, \cdots, u_{jk}, \cdots, u_{nn}) \qquad (j\leqq k)$$

とおく．$\nabla^2 u$ は $n(n+1)/2$ 次元ベクトルである．$N=n(n+1)/2+2n+1$ とおく．F が解析的という仮定は，$\boldsymbol{R}^N$ 内の集合 $\{(x, u(x), \nabla u(x), \nabla^2 u(x)) \mid x\in\Omega\}$ の近傍の $\zeta=(\zeta^1, \cdots, \zeta^N)$ について $F(\zeta^1, \cdots, \zeta^N)$ が解析的ということであり，楕円型という仮定は，今の場合，

$$\sum_{j,k=1}^{n} \frac{\partial F(x, u, \nabla u, \nabla^2 u)}{\partial u_{jk}} \eta^j \eta^k \neq 0 \tag{5.25}$$

がすべての $x\in\Omega$ と n 次元実ベクトル $\eta\,(\neq 0)$ に対し成立することである．

$C^{2+\theta}(\Omega)$ に属する (5.24) の解 u は，任意の点 $x_0\in\Omega$ の近傍で必然的に解析的となることを示すのが目標である．まず，変数変換: $x\to x'=x-x_0$ をすればわかるように，$x_0=0$ と仮定してもよい．さらに，

$$D^\alpha u(0)=0 \qquad (|\alpha|\leqq 2) \tag{5.26}$$

と仮定してもよい．実際，

$$Q(x)=u(0)+\sum_{j=1}^{n} u_j(0) x_j+\frac{1}{2} \sum_{j,k=1}^{n} u_{jk}(0) x_j x_k$$

とおき，u の代りに $v=u-Q$ を考えれば，v は，

$$D^\alpha v(0)=0 \qquad (|\alpha|\leqq 2),$$

$$\bar{F}(x, v, \nabla v, \nabla^2 v)\equiv F(x, v+Q, \nabla v+\nabla Q, \nabla^2 v+\nabla^2 Q)=0$$

を満たし，この方程式は解析的楕円型方程式であり，さらに，v が $x=0$ で解析

---

1) x, u が実数のとき F の値も実数となることを意味する．

的ということと $u=v+Q$ がそこで解析的ということとは同値であるからである.

次に, $a_{jk}=\partial F(0)/\partial u_{jk}$ とおくと行列 (a_{jk}) は, (5.25) より実対称な定値行列となる. もし正定値の場合は, F の代りに $-F$ を考えればよいから, 負定値としよう. このとき, 正則行列 (t_{jk}) を適当にとれば,

$$\sum_{j,k=1}^{n} a_{jk}t_{jl}t_{km} = -\delta_{lm} \qquad (\delta_{lm}\text{: Kronecker のデルタ})$$

とできる. これに対し, 座標変換: $x_j \to x_j'=\sum t_{jk}x_k$ をする. $u'(x')=u(x)$ と u' を定めると,

$$\frac{\partial F(0)}{\partial\left(\dfrac{\partial^2 u'}{\partial x_l'\partial x_m'}\right)} = \sum t_{jl}t_{km}a_{jk} = -\delta_{lm}$$

となる. したがって, x' を改めて x とすることにより,

(5.27) $$\frac{\partial F(0)}{\partial u_{jk}} = -\delta_{jk}$$

と最初から仮定してもよい.

以上問題の簡単化を試みてきた. 次に u の満たす微分方程式 (5.24) を積分方程式に変換しよう. まず, $F(\zeta)$ を $\zeta=0$ のまわりで Taylor 展開する:

(5.28) $$F(\zeta) = F(0)+\sum_j \frac{\partial F(0)}{\partial \zeta^j}\zeta^j+G(\zeta).$$

ここで,

(5.29) $$G(\zeta) = \int_0^1 (1-t)\frac{d^2}{dt^2}F(t\zeta)\,dt$$

である. (5.26) と (5.27) より, $F(0)=F(0, u(0), \nabla u(0), \nabla^2 u(0))=0$ であるから, (5.28) の右辺第1項=0. 他方, u は $F(x, u, \nabla u, \nabla^2 u)=0$ を満たすから, (5.27) より,

$$-\triangle u+H(x, u, \nabla u)+G(x, u, \nabla u, \nabla^2 u) = 0$$

となる. ここで,

$$H(x, u, \nabla u) = \sum_j \frac{\partial F(0)}{\partial u_j}u_j+\frac{\partial F(0)}{\partial u}u+\sum_j \frac{\partial F(0)}{\partial x_j}x_j.$$

$\varphi=G+H$ とおくと, 上式は

(5.30) $$\triangle u = \varphi(x, u, \nabla u, \nabla^2 u)$$

と書ける．(5.26)より，§5.2で導入した記号を用いれば $u\in C^{2+\theta,0}(B_R)$ と書ける．このとき $\varphi\in C^{\theta,0}(B_R)$ を示そう．そうすれば $f=\varphi(x, u, \nabla u, \nabla^2 u)$ として命題5.4を適用することができる．

命題 5.7　正数 M に対して

(5.31)　$$|\zeta^j|\leqq R_0 \quad (j=1,\cdots,n), \qquad |\zeta^j|\leqq MR_0^{\theta} \quad (j=n+1,\cdots,N)$$

を満たす $\zeta\in\boldsymbol{R}^N$ が $\varphi(\zeta)$ の定義域に入るような正定数 R_0 $(0<R_0\leqq 1)$ が存在する．R を $0<R\leqq R_0$ なる正数とすれば，$\|v\|_{2+\theta,R}\leqq M$ なる $v\in C^{2+\theta,0}(B_R)$ に対して

(i)　$\varphi(x, v, \nabla v, \nabla^2 v)\in C^{\theta,0}(B_R)$；

(ii)　次の評価が成立する：

(5.32)　$$\|\varphi(x, v, \nabla v, \nabla^2 v)\|_{\theta,R}\leqq\omega(M)R^{\vartheta}$$
$$(\omega(M):\ M\text{ に依存する定数}).$$

その上，$\|v_j\|_{2+\theta,R}\leqq M$ なる $v_j\in C^{2+\theta,0}(B_R)$ $(j=1,2;\ 0<R\leqq R_0)$ は評価

(5.33)　$$\|\varphi(x, v_1, \nabla v_1, \nabla^2 v_1)-\varphi(x, v_2, \nabla v_2, \nabla^2 v_2)\|_{\theta,R}$$
$$\leqq\omega(M)R^{\vartheta}\|v_1-v_2\|_{2+\theta,R}$$

を満たす．ここで $\vartheta=\min(\theta, 1-\theta)$．

証明　R_0 を小さくとれば，(5.31)を満たす ζ が φ の定義域に入ることは明らか．$\varphi=G+H$ の H に対して，上の命題が成立することは，(5.23)より明らかであるから，G に対して示せばよい．関数 g の微分 $D^\alpha g$ を g_α と略記すると，G の定義より，

(5.34)　$$G_i(\zeta)=\frac{1}{2}\sum_{j,k}\zeta^j\zeta^k\int_0^1 t(1-t)F_{ijk}(\eta)|_{\eta=t\zeta}dt$$
$$+\sum_j\zeta^j\int_0^1(1-t)F_{ij}(\eta)|_{\eta=t\zeta}dt$$

となる．(5.31)を満たす ζ に対し，$|F_{ijk}(\zeta)|$，$|F_{ij}(\zeta)|$ は有界であるから，上の等式より，

(5.35)　$$|G_j(\zeta)|\leqq M'|\zeta|.$$

ここで，M' は正定数．R を $0<R\leqq R_0(\leqq 1)$ とする．

(5.36)　$$|\zeta^j|\leqq R \quad (j=1,\cdots,n), \qquad |\zeta^j|\leqq MR^{\theta} \quad (j=n+1,\cdots,N)$$

を満たす ζ_0, ζ_1 に対して，$\zeta_t=(1-t)\zeta_0+t\zeta_1$ とおく．このとき，

$$G(\zeta_1)-G(\zeta_0)=\sum_j\int_0^1 G_j(\eta)|_{\eta=\zeta_t}dt\cdot(\zeta_1{}^j-\zeta_0{}^j).$$

ゆえに，(5.35)より，

$$|G(\zeta_1)-G(\zeta_0)|\leqq M''R^\theta\sum_j|\zeta_1{}^j-\zeta_0{}^j|.$$

よって，$(x, v, \nabla v, \nabla^2 v)$は，(5.15)と$\|v\|_{2+\theta,R}\leqq M$より，(5.36)を満たすから，

(5.37) $$|G(x_2, v(x_2), \cdots)-G(x_1, v(x_1), \cdots)|/|x_2-x_1|^\theta$$
$$\leqq M''R^\theta\left[|x_2-x_1|^{1-\theta}+\sum_{|\alpha|\leqq 2}\frac{|D^\alpha v(x_2)-D^\alpha v(x_1)|}{|x_2-x_1|^\theta}\right]$$

となる．(5.37)の[ ]の各項を評価する．[ ]内の第1項は，明らかに，$2R^{1-\theta}$より小．平均値の定理を用いれば，

(5.38) $$\frac{|v(x_2)-v(x_1)|}{|x_2-x_1|^\theta}\leqq|x_2-x_1|^{1-\theta}\max_{x\in B_R}|\nabla v(x)|.$$

(5.15)式より，

$$(5.38)\text{の右辺}\leqq 2R^2\|v\|_{2+\theta,R}.$$

同様にして，

(5.39) $$\frac{|D^\alpha v(x_2)-D^\alpha v(x_1)|}{|x_2-x_1|^\theta}\leqq 2R^{2-|\alpha|}\|v\|_{2+\theta,R}\qquad(|\alpha|\leqq 2)$$

となる．したがって，(5.37)の右辺が評価できて(5.15)より，$0<R\leqq R_0$と$\|v\|_{2+\theta,R}\leqq M$に対して，$G(x, v, \nabla v, \nabla^2 v)\in C^\theta(B_R)$であって，

(5.40) $$\|G(x, v, \nabla v, \nabla^2 v)\|_{\theta,R}\leqq M'''R^\theta.$$

ここで，M'''はMに依存するがv, Rによらぬ定数である．また，(5.26)より，

$$G(0, v(0), \nabla v(0), \nabla^2 v(0))=G(0, 0, 0, 0)=0.$$

したがって，$G(x, v, \nabla v, \nabla^2 v)\in C^{\theta,0}(B_R)$となる．以上により，$\varphi(x, v, \nabla v, \nabla^2 v)\in C^{\theta,0}(B_R)$であって，$\varphi$は(5.32)を満たすことがわかる．(5.33)も(5.32)と同様に導かれる．次のようにすればよい．

$v=v_2-v_1$, $w=v_1$とおくと，

(5.41) $$G(x, w+v, \nabla w+\nabla v, \cdots)-G(x, w, \nabla w, \nabla^2 w)$$
$$=v\int_0^1[\partial G(x, w+tv, \cdots)/\partial w]dt+\sum_j v_j\int_0^1[\partial G(x, w+tv, \cdots)/\partial w_j]dt$$
$$+\sum_{j,k}v_{jk}\int_0^1[\partial G(x, w+tv, \cdots)/\partial w_{jk}]dt$$

となる．w を固定して考えれば，右辺の第1項は $vG'(x, v, \nabla v, \nabla^2 v)$ という形に書ける．(5.40) を導いたと同様にして，$G'(x, v, \nabla v, \nabla^2 v) \in C^{\theta}(B_R)$ であって，

$$\|G'(x, v, \nabla v, \nabla^2 v)\|_{\theta,R} \leqq M'''R^{\theta} \tag{5.42}$$

となる．$v \in C^{\theta,0}(B_R)$ であるから，結局，$vG'(x, v, \nabla v, \nabla^2 v) \in C^{\theta,0}(B_R)$．(5.41) と (5.42) より，

$$\begin{aligned}\|vG'(x, v, \nabla v, \nabla^2 v)\|_{\theta,R} &\leqq R^{\theta}\|v\|_{\theta,R}\|G'(x, v, \nabla v, \nabla^2 v)\|_{\theta,R}\\ &\leqq 2R^{2+\theta}M'''\|v\|_{2+\theta,R}\end{aligned}$$

を得る．(5.41) の右辺の他の項も同様にして評価すれば，(5.33) を得る．∎

v が原点 $x=0$ の複素近傍で解析的ならば，$\varphi(x, v, \nabla v, \nabla^2 v)$ も原点で解析的となることに注意すれば，命題5.7と同様にして，次の命題が成り立つことがわかる．

命題 5.8　正数 M に対して，次のような正定数 R_0 が存在する：もし $\zeta \in \boldsymbol{C}^N$ が

$$|\zeta^j| \leqq R_0 \quad (j=1, \cdots, n), \qquad |\zeta^j| \leqq MR_0{}^{\theta} \quad (j=n+1, \cdots, N) \tag{5.43}$$

を満たすならば，ζ は $\varphi(\zeta)$ の定義域に入る．R を $0<R\leqq R_0$ とする．このとき，$\|v\|_{2+\theta,R,h}\leqq M$ なる $v \in \boldsymbol{H}^{2+\theta,0}(B_{h,R})$ は

(i)　$\varphi(x, v, \nabla v, \nabla^2 v) \in \boldsymbol{H}^{\theta,0}(B_{h,R})$；

(ii)　次の評価が成立する：

$$\|\varphi(x, v, \nabla v, \nabla^2 v)\|_{\theta,R,h} \leqq \omega(M)R^{\vartheta} \tag{5.44}$$

$$(\omega(M)：M \text{ に依存する定数}).$$

その上，$\|v_j\|_{2+\theta,R,h}\leqq M$ なる $v_j \in \boldsymbol{H}^{2+\theta,0}(B_{h,R})$ ($j=1, 2$；$0<R\leqq R_0$) は評価

$$\begin{aligned}&\|\varphi(x, v_1, \nabla v_1, \nabla^2 v_1)-\varphi(x, v_2, \nabla v_2, \nabla^2 v_2)\|_{\theta,R,h}\\ &\qquad \leqq \omega(M)R^{\theta}\|v_1-v_2\|_{2+\theta,R,h}\end{aligned} \tag{5.45}$$

を満たす．ここで，$\vartheta=\min(\theta, 1-\theta)$ である．——

さて，以上の準備の下で命題5.4, 5.5, 5.6から定理が導かれることを示そう．(5.30) と (5.22) より，

$$u(x) = Q_R[u](x)+P_R[\varphi(x, u, \nabla u, \nabla^2 u)](x) \tag{5.46}$$

となる．命題5.6より $Q_R[u](x) \in \boldsymbol{H}^{2+\theta,0}(B_{h,R})$．故に u の解析性を示すには，$P_R[\varphi](x)$ の解析性を示せばよい．

$$v_R = Q_R[u], \qquad w_R = u-Q_R[u],$$

$$
(5.47)\quad \begin{cases} g_R = P_R[\varphi(x, v_R, \nabla v_R, \nabla^2 v_R)], \\ T_R[w] = P_R[\varphi(x, w+v_R, \nabla w+\nabla v_R, \cdots)-\varphi(x, v_R, \nabla v_R, \nabla^2 v_R)] \end{cases}
$$

とおくと，(5.46) より，

$$
(5.48)\qquad w_R(x) = g_R(x)+T_R[w_R](x)
$$

となる．この w_R を未知関数と考えて，

$$
(5.49)\qquad w(x) = g_R(x)+T_R[w](x)
$$

なる方程式が，$\boldsymbol{H}^{2+\theta,0}(B_{h,R})$ で解をもつことを示そう．そのあとで，(5.49) の解は $C^{2+\theta,0}(B_{h,R})$ の中で一意的であることを示す．これが示されれば，$w_R \in \boldsymbol{H}^{2+\theta,0}(B_{h,R})$ となり，$u \in \boldsymbol{H}^{2+\theta,0}(B_{h,R})$ となるから定理が証明されたことになる．

方程式(5.49) が $\boldsymbol{H}^{2+\theta,0}(B_{h,R})$ で解をもつことを反復法によって解く．R_1 を半径 R_1 の閉球 $\{x \mid |x| \leqq R_1\}$ が Ω に含まれるようにとる．命題5.6 より，$v_R \in \boldsymbol{H}^{2+\theta,0}(B_{h,R})$ であって

$$
\|v_R\|_{2+\theta,R,h} \leqq M_1 \|u\|_{2+\theta,R} \qquad (0<R \leqq R_1).
$$

故に，

$$
(5.50)\qquad \sup_R (\|v_R\|_{2+\theta,R,h}+\|u\|_{2+\theta,R}) \equiv M_3 \qquad (0<R\leqq R_1)
$$

は有限．この M_3 に対応して，命題5.8 で定まる R_0 を R_2 とする．このとき，命題5.8 より，

$$
\|\varphi(x, v_R, \nabla v_R, \nabla^2 v_R)\|_{\theta,R,h} \leqq \omega(M_3)R^{\vartheta} \qquad (0<R\leqq R_2 \leqq R_1)
$$

を得る．故に，命題5.5 より，$g_R = P_R[\varphi]$ は $g_R \in \boldsymbol{H}^{2+\theta,0}(B_{h,R})$ で，

$$
(5.51)\qquad \|g_R\|_{2+\theta,R,h} \leqq M_2 \omega(M_3) R^{\vartheta} \qquad (\vartheta = \min(\theta, 1-\theta))
$$

を満たす．$M_4 = 2M_3 + M_2\omega(M_3){R_2}^{\vartheta}$ とおき，$3M_4$ に対応して命題5.8 で定まる R_0 を R_3 とする．これに対して，R_4 をさらに小さくとろう．すなわち，$0<R<R_4$ $(\leqq 1)$ に対して，

$$
M_2 \omega(3M_4) R^{\theta} < \frac{1}{2}
$$

が成り立つように小さくとる．このように定めた上で，

$$
(5.52)\qquad \begin{cases} w^0 = 0, \\ w^{k+1} = g_R + T_R[w^k] \end{cases}
$$

と関数列 $\{w^k\}$ を定める．帰納法によって，

$$
(5.53)\qquad w^k \in \boldsymbol{H}^{2+\theta,0}(B_{h,R}), \qquad \|w^k\|_{2+\theta,R,h} \leqq 2M_4
$$

を示そう．$k=0$ の場合，明らかに成立する．$k=m$ まで成立すると仮定しよう．まず，

$$\|w^m+v_R\|_{2+\theta,R,h} \leqq \|w^m\|_{2+\theta,R,h}+\|v_R\|_{2+\theta,R,h} \leqq 3M_4,$$

および

$$\|v_R\|_{2+\theta,R,h} \leqq M_3 \leqq 3M_4$$

であるから，命題5.8によって，

$$\begin{aligned}&\|\varphi(x, w^m+v_R, \cdots)-\varphi(x, v_R, \cdots)\|_{\theta,R,h}\\ &\leqq \omega(3M_4)R^\theta\|w^m\|_{2+\theta,R,h}\\ &\leqq 2M_4\omega(3M_4)R^\theta\end{aligned}$$

となる．それゆえに，命題5.5より，$T_R[w^m]\in \boldsymbol{H}^{2+\theta,0}(B_{h,R})$ となり，

$$\|T_R[w^m]\|_{2+\theta,R,h} \leqq 2M_2M_4\omega(3M_4)R^\theta.$$

故に(5.51)と(5.52)より，$w^{m+1}\in \boldsymbol{H}^{2+\theta,0}(B_{h,R})$ であって，

$$\begin{aligned}\|w^{m+1}\|_{2+\theta,R,h} &\leqq M_4+2M_2M_4\omega(3M_4)R^\theta\\ &\leqq 2M_4 \qquad (0<R\leqq R_4\leqq 1).\end{aligned}$$

これは(5.53)が $k=m+1$ で成立することを示している．

次に，$\{w^k\}$ の収束を示そう．命題5.5と命題5.8より，

$$\begin{aligned}(5.54)\qquad &\|w^{k+1}-w^k\|_{2+\theta,R,h}\\ &\leqq M_2\|\varphi(x, w^k+v_R, \cdots)-\varphi(x, w^{k-1}+v_R, \cdots)\|_{\theta,R,h}\\ &\leqq M_2\omega(3M_4)R^\theta\|w^k-w^{k-1}\|_{2+\theta,R,h}\\ &\leqq \frac{1}{2}\|w^k-w^{k-1}\|_{2+\theta,R,h}\end{aligned}$$

を得る．これより，$\{w^k\}$ は $\boldsymbol{H}^{2+\theta,0}(B_{h,R})$ の Cauchy 列となる．その極限を w $(\in \boldsymbol{H}^{2+\theta,0}(B_{h,R}))$ とすると，この w は，(5.49)を満たす．

上に構成した w は(5.49)を満たす $C^{2+\theta,0}(B_R)$ $(0<R\leqq R_4)$ の解である．他方，w_R は，$C^{2+\theta,0}(B_R)$ $(0<R\leqq R_0)$ に属する(5.49)の解である．$w_R=u-v_R$ と(5.50)より，

$$\begin{aligned}(5.55)\qquad \|w_R\|_{2+\theta,R} &\leqq \|u\|_{2+\theta,R}+\|v_R\|_{2+\theta,R}\\ &\leqq M_3 \leqq M_4.\end{aligned}$$

したがって，(5.19)と命題5.7より，R_5 を十分小さくとれば，

$$\|w-w_R\|_{2+\theta,R} \leqq \frac{1}{2}\|w-w_R\|_{2+\theta,R}$$

となる．これは，$w=w_R$ $(0<R\leqq R_5)$ を示している．故に，$w_R \in \boldsymbol{H}^{2+\theta,0}(B_{h,R})$ $(0<R\leqq R_5)$．かくして，$u \in \boldsymbol{H}^{2+\theta,0}(B_{h,R})$ となり，定理5.1が証明された．▌

§5.4 特異積分

命題5.1と命題5.3の証明が残っている．これらの命題を証明する際にでてくる積分核 $K(x-y)$ の微分を評価するために必要となる積分に関する予備的考察をする．

a) 特異積分

以下，半径 r，中心 x_0 の球を $B(x_0, r)$ で表わす：

$$B(x_0, r) = \{x \mid x \in \boldsymbol{R}^n,\ |x-x_0|<r\}.$$

さて，Γ を次の条件を満たす $\boldsymbol{R}^n \setminus \{0\}$ 上の関数とする．

(i) $\Gamma(\lambda y) = \lambda^{-n}\Gamma(y) \quad (\lambda>0)$；

(ii) $\Gamma(-y) = \Gamma(y)$；

(iii) $\Gamma \in C^1(\boldsymbol{R}^n \setminus \{0\})$；

(iv) $\displaystyle\int_\Sigma \Gamma(y)dS(y) = 0.$

ここで，$\Sigma=\partial B(0,1)$，すなわち $n-1$ 次元単位球面，dS はその上の面積要素である．$\boldsymbol{R}^n$ の点 x の第1成分を x_1，また特定の点を x_1 で表わすが混乱はないであろう．

補題5.1 Γ を上の条件を満たす関数とする．このとき，次の二つのことが成り立つ．

(1) $B(x_0, a) \supset \bar{B}(x_1, b)$ なる二つの球に対して，

$$\int_{B(x_0,a)\setminus B(x_1,b)} \Gamma(x-y)dy = 0 \qquad (x \in B(x_1, b))\,; \tag{5.56}$$

(2)

$$\int_{\partial B(x_0,a)} \Gamma(x-y)dS_j(y) = 0 \qquad (x \in B(x_0, a)). \tag{5.57}$$

ここで，dS を $\partial B(x_0, a)$ 上の面積要素としたときに，$dS_j=n_j dS$.（n_j は曲面の外向き単位法線ベクトル $\boldsymbol{n}$ の j 成分.）

証明　各 $\eta\in\Sigma=\partial B(0,1)$ に対し，x を通り方向 η の直線が $\partial B(x_1,b)$ と交わる点を y_1, $\partial B(x_0,a)$ と交わる点を y_0 とする．方向 $-\eta$ の直線と $\partial B(x_0,a)$ との交点を y_0' とする．

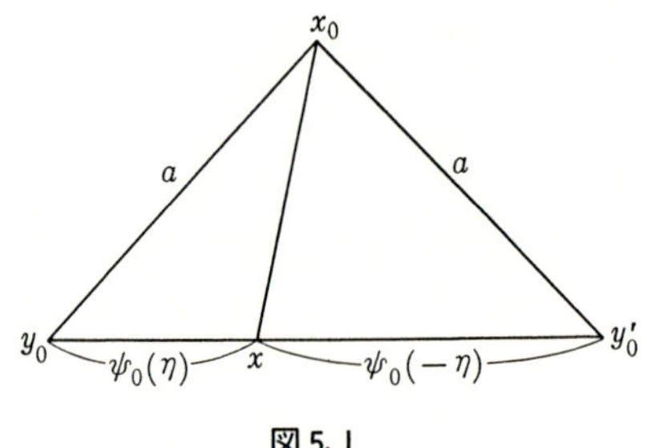

図 5.1

$$\psi_0(\eta)=|y_0-x|,\qquad \psi_1(\eta)=|y_1-x|$$

とおくと，平面幾何における簡単な考察により (図 5.1 をみよ)，

$$(5.58)\qquad \begin{cases} \psi_0(\eta)\cdot\psi_0(-\eta)=a^2-|x-x_0|^2, \\ \psi_1(\eta)\cdot\psi_1(-\eta)=b^2-|x-x_1|^2. \end{cases}$$

x を中心に極座標表示をすれば，

$$(5.59)\qquad \int_{B(x_0,a)\setminus B(x_1,b)}\Gamma(x-y)\,dy=\int_\Sigma\Gamma(\eta)\left(\int_{\psi_1(\eta)}^{\psi_0(\eta)}\frac{1}{r}dr\right)dS(\eta)$$
$$=\int_\Sigma\Gamma(\eta)[\log\psi_0(\eta)-\log\psi_1(\eta)]\,dS(\eta).$$

Γ の条件 (ii) より，$\Gamma(\eta)=(\Gamma(\eta)+\Gamma(-\eta))/2$ となるから，

(5.59) の右辺

$$=\frac{1}{2}\int_\Sigma\Gamma(\eta)[\log\psi_0(\eta)+\log\psi_0(-\eta)-\log\psi_1(\eta)-\log\psi_1(-\eta)]\,dS(\eta)$$

$$=\frac{1}{2}\int_\Sigma\Gamma(\eta)[\log(\psi_0(\eta)\cdot\psi_0(-\eta))-\log(\psi_1(\eta)\cdot\psi_1(-\eta))]\,dS(\eta)$$

$$=\frac{1}{2}[\log(a^2-|x-x_0|^2)-\log(b^2-|x-x_1|^2)]\int_\Sigma\Gamma(\eta)\,dS(\eta)\qquad ((5.58)\text{ より})$$

$$=0\qquad (\Gamma\text{ の条件 (iv) より})$$

となる．これは，(5.56) の成立を示している．次に，(2) を示そう．x_j について

(5.56) を微分すれば,

$$\int_{B(x_0,a)\setminus B(x_1,b)} \frac{\partial}{\partial x_j}\Gamma(x-y)dy = 0 \qquad (x\in B(x_1, b)).$$

x_j を y_j についての微分に変えた後に部分積分をすれば,

$$(5.60) \qquad \int_{\partial B(x_0,a)} \Gamma(x-y)dS_j = \int_{\partial B(x_1,b)} \Gamma(x-y)dS_j.$$

$dS_j=(y_j/|y|)dS(y)$ であることに注意し, $x=x_1$ とおくと,

$$(5.60) \text{の右辺} = \frac{1}{b}\int_{\Sigma}\Gamma(\eta)\eta_j dS(\eta).$$

$\Gamma(\eta)\eta_j$ は奇関数であるから, Σ 上で積分すれば 0 となる. よって, (5.60) の右辺=0. すなわち,

$$\int_{\partial B(x_0,a)} \Gamma(x_1-y)dS_j = 0.$$

x_1 は任意にとれるから, 結局, (5.57) を得る. ▌

この補題を応用すれば, 次の補題が得られる.

補題 5.2 $K(x)$ を (5.4) によって定義されたラプラシアン Δ の基本解とすると, 次の関係式が成立する:

$$(1) \quad \int_{\partial B(x_0,a)} D_x{}^{\alpha}K(x-y)dS_j(y) = 0 \qquad (|\alpha|\geqq 2\,;\ j=1,\cdots,n)\,;$$

$$(2) \quad \int_{\partial B(x_0,a)} D_x{}^{\alpha}K(x-y)\cdot(x_i-y_i)dS_j(y) = 0 \qquad (|\alpha|\geqq 3\,;\ i,j=1,\cdots,n)\,;$$

$$(3) \quad \int_{\partial B(x_0,a)} D_x{}^{\alpha}K(x-y)\cdot(x_i-y_i)(x_j-y_j)dS_k(y) = 0$$

$$(|\alpha|\geqq 4\,;\ i,j,k=1,\cdots,n).$$

証明 変数変換: $x\to x'=(x-x_0)/a$, $y\to y'=(y-x_0)/a$ を行なうことによって, $x_0=0$, $a=1$ の場合に補題の証明は帰着される.

(1) の証明: 微分してみればわかる通り, $|\alpha|=2$ の場合を示せばよい. $\Gamma(x)=D_x{}^{\alpha}K(x)$ $(|\alpha|=2)$ とおくと, Γ の条件 (i), (ii), (iii) は明らかに成立. 簡単な計算により,

$$\frac{\partial^2}{\partial x_i \partial x_j}K(x) = C\frac{1}{|x|^n}\left(\delta_{ij}-n\frac{x_i x_j}{|x|^2}\right) \qquad (C\text{: 定数})$$

となる. $i\neq j$ のとき x_i について奇関数となるから, これを Σ 上で積分すれば 0

となる．$i=j$ のとき，

$$\int_\Sigma \left(\frac{\partial}{\partial x_i}\right)^2 K(x)dS(x) = C|\Sigma| - nC\int_\Sigma (x_i)^2 dS(x) = 0$$ [1)]

($|\Sigma|$ は単位球面の面積)．したがって，(iv) も満たされるから，補題5.1が適用されて，証明すべき式 (1) を得る．

(2) の証明：$\Gamma(x)=D_x{}^\alpha K(x)\cdot x_j$ ($|\alpha|=3$) が Γ の条件 (i), (ii), (iii) を満たすことは明らかであることより (iv) を示せばよい．上に証明した (1) によって，

$$\int_\Sigma D_x{}^\alpha K(x)\cdot x_j dS(x) = \int_\Sigma D_x{}^\alpha K(x) dS_j(x) = 0$$

となり，(iv) の成立がわかる．補題5.1を適用すれば，(2) を得る．

(3) の証明：$\Gamma(x)=D_x{}^\alpha K(x)\cdot x_j x_k$ ($|\alpha|=4$) とおくと，やはり (1) により，

$$\int_\Sigma D_x{}^\alpha K(x)\cdot x_j x_k dS(x) = \int_\Sigma D_x{}^\alpha K(x)\cdot x_j dS_k(x) = 0.$$

その他の Γ の性質は明らか．補題5.1を適用すれば (3) を得る．$|\alpha|\geqq 5$ に対する関係式は，$|\alpha|=4$ に対する関係式を微分すれば導かれる．▌

b) 行列式の微分

Jacobi 行列に関する補題を二つ程述べよう．

$\bar{B}(x_1, b)\subset B(x_0, a)$ なる二つの球に対して，$\Omega=B(x_0, a)\setminus B(x_1, b)$ とおく．

補題 5.3　$f^1, f^2, \cdots, f^{n-1}\in C^2(\Omega)$ に対し恒等式：

$$\sum_{j=1}^n (-1)^j \frac{\partial}{\partial x_j}\left[\frac{\partial(f^1, \cdots, f^{j-1}, f^j, \cdots, f^{n-1})}{\partial(x_1, \cdots, x_{j-1}, x_{j+1}, \cdots, x_n)}\right] = 0 \tag{5.61}$$

が成立する．ここで，

$$\frac{\partial(g^1, \cdots, g^{n-1})}{\partial(y_1, \cdots, y_{n-1})} = \det\left(\frac{\partial g^j}{\partial x_k}\right).$$

証明　$\partial^2 f^k/\partial x_1\partial x_2$ を含む項は (5.61) の左辺において第1項と第2項だけであって，第1項にでてくるその係数は，

$$-(-1)^{k+1}\frac{\partial(f^1, \cdots, f^{k-1}, f^{k+1}, \cdots, f^{n-1})}{\partial(x_3, \cdots, x_{k+1}, x_{k+2}, \cdots, x_n)}$$

1)　この式は，下の関係式より導かれる．

$$\int_\Sigma (x_1)^2 dS = \cdots = \int_\Sigma (x_n)^2 dS, \quad \sum_j \int_\Sigma (x_j)^2 dS = |\Sigma|.$$

であり，第2項にでてくる係数は，符号が反対となることが簡単な行列の計算よりわかる．一般の $\partial^2 f^i/\partial x_j \partial x_k$ に対しても同様である．かくして，(5.61) の左辺は0となる．▌

補題 5.4 $f^1, \cdots, f^n \in C^2(\bar{\Omega})$ とする．このとき，

$$\int_\Omega \frac{\partial(f^1, f^2, \cdots, f^n)}{\partial(x_1, x_2, \cdots, x_n)} dx = \int_{\partial\Omega} f^n(x) \sum_{j=1}^n (-1)^{n+j} Q^j(x) dS_j(x) \tag{5.62}$$

が成立する．ここで，

$$Q^j = \frac{\partial(f^1, \cdots, f^{j-1}, f^j, \cdots, f^{n-1})}{\partial(x_1, \cdots, x_{j-1}, x_{j+1}, \cdots, x_n)}.$$

証明 Jacobi 行列式 $J \equiv \partial(f^1, \cdots, f^n)/\partial(x_1, \cdots, x_n)$ を最後の列で展開すると，

$$J = \sum_{j=1}^n (-1)^{n+j} \frac{\partial f^n}{\partial x_j} Q^j$$

となる．ゆえに，

$$\begin{aligned} J &= \sum_{j=1}^n \frac{\partial}{\partial x_j} [(-1)^{n+j} f^n Q^j] - \sum_{j=1}^n (-1)^{n+j} \frac{\partial}{\partial x_j} Q^j \cdot f^n \\ &= \sum_{j=1}^n \frac{\partial}{\partial x_j} [(-1)^{n+j} f^n Q^j] \qquad ((5.61) \text{ より}). \end{aligned}$$

これを Ω 上で積分すれば，(5.62) を得る．▌

c) 複素積分

$x \in \boldsymbol{C}^n$ に対して，$\boldsymbol{x}_1 = \mathrm{Re}\, x$，$\boldsymbol{x}_2 = \mathrm{Im}\, x$ とおく．前節でみたように，$0 < h < 1$ と $R > 0$ に対して，n 次元複素領域 $B_{h,R}$ を，

$$B_{h,R} = \{x = \boldsymbol{x}_1 + i\boldsymbol{x}_2 \mid |\boldsymbol{x}_2| \leqq h(R - |\boldsymbol{x}_1|)\}$$

と定める．(図 5.2 をみよ.) $x \in B_{h,R}$ に対して，$\delta(x)$ を x から $\partial B_{h,R}$ までの距離，$r(x)$ を x から集合

$$\{y + i\boldsymbol{x}_2 \mid y + i\boldsymbol{x}_2 \in \partial B_{h,R}\}$$

までの距離としよう．このとき，次の補題が成り立つ．

補題 5.5 $0 < \theta < 1$ とする．

(1) 上に定めた $r(x)$ と $\delta(x)$ は，

$$r(x) = R - \frac{1}{h}|\boldsymbol{x}_2| - |\boldsymbol{x}_1|, \tag{5.63}$$

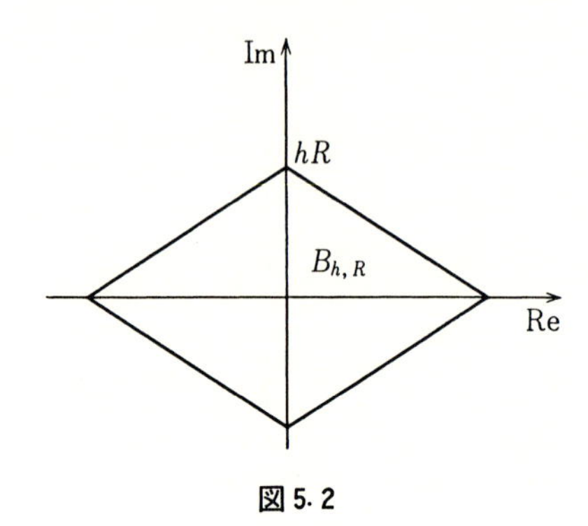

図 5.2

$$\delta(x)=\frac{h}{(1+h^2)^{1/2}}r(x) \tag{5.64}$$

なる関係を満たす．

(2) $B_{h,R}$ の任意の点 z_1, z_2 に対し，$z_3, z_4\in B_{h,R}$ を適当にとれば，

$$\int_0^3 (\delta(x(s)))^{\theta-1}ds \leqq M|z_1-z_2|^{\theta-1}$$

および曲線 $\{x(s)\,|\,0\leqq s\leqq 3\}$ の長さは $2|z_1-z_2|$ 以下とできる．ここで，M は z_1, z_2 によらぬ定数，$x(s)$ は

$$x(s)=\begin{cases}(1-s)z_1+sz_3 & (0\leqq s<1),\\ (2-s)z_3+(s-1)z_4 & (1\leqq s<2),\\ (3-s)z_4+(s-2)z_2 & (2\leqq s\leqq 3)\end{cases} \tag{5.65}$$

とする．

証明　(1) の証明：T_1, T_2 を $\boldsymbol{R}^n$ における直交変換とすれば，

$$\delta(T_1\boldsymbol{x}_1+iT_2\boldsymbol{x}_2)=\delta(\boldsymbol{x}_1+i\boldsymbol{x}_2),$$
$$r(T_1\boldsymbol{x}_1+iT_2\boldsymbol{x}_2)=r(\boldsymbol{x}_1+i\boldsymbol{x}_2)$$

となるから，$r(x), \delta(x)$ を求めるには，$x^*=(|\boldsymbol{x}_1|+i|\boldsymbol{x}_2|, 0, \cdots, 0)$ に対し計算すればよい．$\xi=\boldsymbol{\xi}_1+i\boldsymbol{x}_2^*\in\partial B_{h,R}$ と，$|\boldsymbol{x}_2|=h(R-|\boldsymbol{\xi}_1|)$ とは同値であるから，このような $\xi\in\partial B_{h,R}$ に対して，

$$\begin{aligned}|x^*-\xi|^2&=|\boldsymbol{x}_1{}^*-\boldsymbol{\xi}_1|^2\\ &\geqq|\boldsymbol{x}_1{}^*|^2-2|\boldsymbol{x}_1{}^*||\boldsymbol{\xi}_1|+|\boldsymbol{\xi}_1|^2\end{aligned}$$

$$= \left(R - |\boldsymbol{x}_1| - \frac{1}{h}|\boldsymbol{x}_2|\right)^2$$

となる．等号は，$\boldsymbol{\xi}_1 = \lambda \boldsymbol{x}_1^*$ (λ: スカラー) の場合である．これより，(5.63) を得る．同様にして，$\xi = \boldsymbol{\xi}_1 + i\boldsymbol{\xi}_2 \in \partial B_{h,R}$ と $|\boldsymbol{\xi}_2| = h(R - |\boldsymbol{\xi}_1|)$ とは同値である．このような ξ に対して，

$$|x^* - \xi|^2 = |\boldsymbol{x}_1^* - \boldsymbol{\xi}_1|^2 + |\boldsymbol{x}_2^* - \boldsymbol{\xi}_2|^2$$

を最小にするのは，$\boldsymbol{\xi}_1 = \lambda^* \boldsymbol{x}_1^*$，$\boldsymbol{\xi}_2 = \mu^* \boldsymbol{x}_2^*$ (λ^*, μ^* : スカラー) の場合である．すなわち，$\boldsymbol{\xi}_1 = (\lambda, 0, \cdots, 0)$，$\boldsymbol{\xi}_2 = (\mu, 0, \cdots, 0)$ という形である．制限条件は，$|\mu| = h(R - |\lambda|)$ となる．簡単な幾何学的考察により，(5.64) を得る．

(2) の証明: $z_1, z_2 \in B_{h,R}$ に対し，$r = |z_1 - z_2|/2$ とおく．z_1, z_2 から $B_{h,R-r}$ の最も近い点をそれぞれ z_3, z_4 とする．この点が求める点である．実際，$B_{h,R-r}$ と $\partial B_{h,R}$ の距離は $hr/\sqrt{1+h^2}$ である．もし $z_1 \in B_{h,R-r}$ ならば，$z_3 = z_1$ となる．このとき，$0 \leqq s < 1$ に対して，

$$\begin{aligned} \delta(x(s)) = \delta(z_1) &\geqq (B_{h,R-r} \text{ から } \partial B_{h,R} \text{ への距離}) \\ &= \frac{1}{2} \frac{h}{\sqrt{1+h^2}} |z_2 - z_1|. \end{aligned}$$

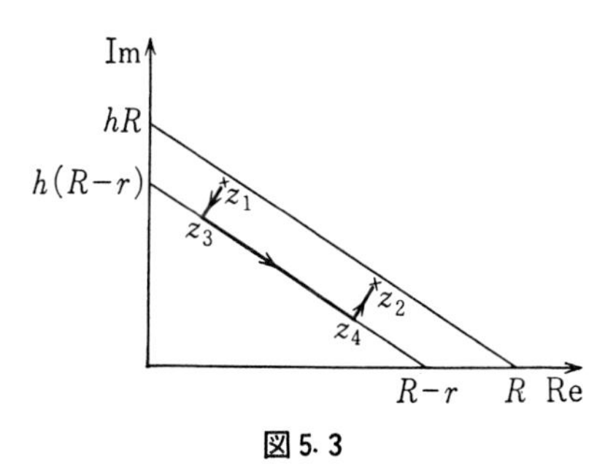

図 5.3

もし $z_1 \notin B_{h,R-r}$ ならば，z_3 は $\partial B_{h,R-r}$ 上にある．(1) と同様にして，$\delta(x(s))$，$0 \leqq s < 1$，を求めるには，

$$\begin{aligned} z_1^* &= (\alpha_1 + i\beta_1, 0, \cdots, 0), \\ z_3^* &= (\alpha_3 + i\beta_3, 0, \cdots, 0) \end{aligned}$$

に対し，$x^*(s) = (1-s)z_1^* + sz_3^*$ とおき，$\delta(x^*(s))$ を計算すればよい．ここで，

$\alpha_j=|\mathrm{Re}\, z_j|$, $\beta_j=|\mathrm{Im}\, z_j|$ である.

$z_3{}^* \in \partial B_{h,R-r}$ より,

$$\beta_3 = h(R-r-\alpha_3). \tag{5.66}$$

また, $z_1{}^* \in B_{h,R}$ より,

$$\beta_1 < h(R-\alpha_1). \tag{5.67}$$

故に, (5.64) より, $\delta(x^*(s))=h(1+h^2)^{-1/2}r(x^*(s))$. さらにこの右辺は,

$$\begin{aligned} r(x^*(s)) &= R-\frac{1}{h}((1-s)\beta_1+s\beta_3)-((1-s)\alpha_1+s\alpha_3) \qquad ((5.63)\text{ より}) \\ &= (1-s)(R-\alpha_1-h^{-1}\beta_1)+sr \qquad ((5.66)\text{ より}) \\ &\geqq sr = \frac{1}{2}s|z_2-z_1| \qquad ((5.67)\text{ より}). \end{aligned}$$

すなわち, $\delta(x^*(s))\geqq h(1+h^2)^{-1/2}s|z_2-z_1|/2$.

結局, すべての $z_1 \in B_{h,R}$ に対して,

$$\delta(x(s)) = \delta(x^*(s)) \geqq cs|z_2-z_1| \qquad (0\leqq s<1)$$

(c は, z_1, z_2 によらぬ正定数) となる. 故に,

$$\int_0^1 \delta(x(s))^{\theta-1}ds \leqq c^{\theta-1}\frac{1}{\theta}|z_2-z_1|^{\theta-1}.$$

同様にして,

$$\int_2^3 \delta(x(s))^{\theta-1}ds \leqq c^{\theta-1}\frac{1}{\theta}|z_2-z_1|^{\theta-1}$$

となる. $1\leqq s\leqq 2$ に対し, $x(s) \in B_{h,R-r}$. よって,

$$\begin{aligned} \delta(x(s)) &\geqq (B_{h,R-r}\text{ から }\partial B_{h,R}\text{ への距離}) \\ &= \frac{1}{2}\frac{h}{\sqrt{1+h^2}}|z_2-z_1|. \end{aligned}$$

かくして,

$$\int_1^2 \delta(x(s))^{\theta-1}ds \leqq c|z_2-z_1|^{\theta-1}.$$

以上より, 求める式を得る. ▌

§5.5　複素積分の評価

ここで命題5.1, 5.3で述べた複素積分の評価式を示そう.

a）命題 5.1 の証明

v を (5.10) によって定義された関数とすると，v が $B_{h,R}$ で解析的であって，$\triangle v=0$ を満たすことは，§5.2 で与えた考察より明らかである．故に，評価式 (5.11) を示せばよいことになる．v を x について3回微分すれば，$x=\boldsymbol{x}_1+i\boldsymbol{x}_2\in B_{h,R}$ に対し，

$$
(5.68)\qquad D^\alpha v(x)=-\sum_{j=1}^{n}\int_{|y|=R}\frac{\partial}{\partial x_j}D_x{}^\alpha K(x-y)\cdot\left[u(y)-\sum_{|\beta|\leqq 2}\frac{1}{\beta!}D_y{}^\beta u(\boldsymbol{x}_1)\cdot(y-\boldsymbol{x}_1)^\beta\right]dS_j(y)
$$

$$
-\sum_{j=1}^{n}\int_{|y|=R}D_x{}^\alpha K(x-y)\cdot\left[u_j(y)-\sum_{|\beta|\leqq 1}\frac{1}{\beta!}D_y{}^\beta u_j(\boldsymbol{x}_1)\cdot(y-\boldsymbol{x}_1)^\beta\right]dS_j(y)
$$

$$
(\equiv I_1+I_2)\qquad \left(u_j(y)=\frac{\partial}{\partial y_j}u(y),\ \ |\alpha|=3\right)
$$

が，補題 5.2[1] より，導かれる．実際，例えば，$y_k-x_{1,k}=(y_k-x_k)+(x_k-x_{1,k})$ と分解して適用すればよい．ここで，x_k は x の k 成分，$x_{1,k}$ は x の実部の k 成分を表わす．次に I_1, I_2 を評価する．簡単な計算より，

$$
\left|\frac{\partial}{\partial x_j}D_x{}^\alpha K(x-y)\right|\leqq M|x-y|^{-n-2},
$$

$$
\left|u(y)-\sum_{|\beta|\leqq 2}\frac{1}{\beta!}D_y{}^\beta u(\boldsymbol{x}_1)\cdot(y-\boldsymbol{x}_1)^\beta\right|
\leqq M|y-\boldsymbol{x}_1|^{2+\theta}\|u\|_{2+\theta,R}\qquad (M:\ \text{正定数})
$$

となるが，$|\boldsymbol{x}_1-y|\leqq|x-y|$ であるから，

$$
(5.69)\qquad |I_1|\leqq M\|u\|_{2+\theta,R}\int_{|y|=R}|\boldsymbol{x}_1-y|^{-n+\theta}dS(y)
\leqq M(R-|\boldsymbol{x}_1|)^{\theta-1}\|u\|_{2+\theta,R}.
$$

同様にして，

$$
|I_2|\leqq M(R-|\boldsymbol{x}_1|)^{\theta-1}\|u\|_{2+\theta,R}.
$$

故に，$|\alpha|=3$ に対し，

1）補題 5.2 は，解析接続によって，複素数の x に対しても成立する．

$$|D^\alpha v(x)| \leqq M(R-|\boldsymbol{x}_1|)^{\theta-1}\|u\|_{2+\theta,R}.$$

しかるに，補題5.4より，

$$\delta(x) = h(1+h^2)^{-1/2}r(x) \leqq h(1+h^2)^{-1/2}(R-|\boldsymbol{x}_1|).$$

故に，

$$|D^\alpha v(x)| \leqq M'\delta(x)^{\theta-1}\|u\|_{2+\theta,R} \qquad (x \in B_{h,R},\ |\alpha|=3),$$

ここで，$M'=h^{-\theta}(1+h^2)^{\theta/2}$．$z_1, z_2$ を $B_{h,R}$ の任意の点とする．$x(s)$ を，補題5.5より定めた曲線とすれば，$|\beta|=2$ に対し，

$$(5.70)\qquad \begin{aligned} |D^\beta v(z_2)-D^\beta v(z_1)| &\leqq \text{const.}\ |z_2-z_1|\max_{|\alpha|=3}\int_0^3 |D^\alpha v(x(s))|ds \\ &\leqq \text{const.}\ |z_2-z_1|\int_0^3 \delta(x(s))^{\theta-1}ds\|u\|_{2+\theta,R} \\ &\leqq \text{const.}\ |z_2-z_1|^\theta\|u\|_{2+\theta,R} \end{aligned}$$

を得る．よって，命題5.1が成立する．∎

次に命題5.3を証明しよう．そのために積分を複素面積分まで拡張しなければならない．

b）複素面積分

複素領域 $B_{h,R}$ の点 $x=\boldsymbol{x}_1+i\boldsymbol{x}_2$ と ∂B_R を通る $B_{h,R}$ の中の曲面

$$S(x):\ \xi = y+i\eta(y) \qquad (y \in \bar{B}_R)$$

上の積分を考える．η は次の条件を満たすとする．

$$(5.71)\qquad \begin{cases} (1)\quad \eta(y)=0 & (y \in \partial B_R)\,; \\ (2)\quad |\eta(y)| < h(R-|y|) & (y \in B_R)\,; \\ (3)\quad |\eta(y)-\boldsymbol{x}_2| \leqq h|y-\boldsymbol{x}_1| & (y \in B_R)\,; \\ (4)\quad \eta \in C(\bar{B}_R)\,;\ \eta(y)\ \text{は殆ど到る所微分でき，その微分}\ (\partial/\partial y_j)\eta(y) \\ \qquad\qquad (j=1,\cdots,n)\ \text{は}\ L^\infty(B_R)\ \text{の関数である．} \end{cases}$$

例えば，$x=\boldsymbol{x}_1+i\boldsymbol{x}_2 \in B_{h,R}$ に対し，$\delta(x)$ を x から $\partial B_{h,R}$ までの距離とする．$r(x)$ を，x から $\{\xi=\boldsymbol{\xi}_1+i\boldsymbol{x}_2 \mid \xi \in \partial B_{h,R}\}$ までの距離とし，$r=r(x)/2$ とおく．また，

$$\eta(y) = \begin{cases} \boldsymbol{x}_2 & (0 \leqq |y-\boldsymbol{x}_1| < r), \\ \dfrac{R-|\boldsymbol{x}_1|-r-|y-\boldsymbol{x}_1|}{R-|\boldsymbol{x}_1|-2r}\boldsymbol{x}_2 & (r \leqq |y-\boldsymbol{x}_1| \leqq R-|\boldsymbol{x}_1|-r), \\ 0 & (|y-\boldsymbol{x}_1| \geqq R-|\boldsymbol{x}_1|-r,\ \ y \in B_R) \end{cases}$$

とおく．また，曲面 S_1, S_2 を，

$$(5.72)\qquad \begin{cases} S_1(x) : \xi = y+i\eta(y) & (r\leqq|y-\boldsymbol{x}_1|), \\ S_2(x) : \xi = y+i\eta(y) & (|y-\boldsymbol{x}_1|<r) \end{cases}$$

と定める．このとき，$S(x)=S_1(x)+S_2(x)$ は，上の条件 (5.71) をすべて満たす．($r(x)=R-h^{-1}|\boldsymbol{x}_2|-|\boldsymbol{x}_1|$ に注意.)

さて，$f\in C^0(B_{h,R})$ と，(5.4) によって定義された $\triangle$ の基本解 $K(x)$ に対し，(1)-(4) の性質をもつ曲面 $S(x)$ 上の積分を，

$$(5.73)\qquad \int_{S(x)} K(x-\xi)f(\xi)d\xi = \int_{B_R} K(x-\xi(y))f(\xi(y))J(y)dy$$

$$\left(J(y) = \frac{\partial(\xi_1, \cdots, \xi_n)}{\partial(y_1, \cdots, y_n)}\right)$$

と定める．この右辺が収束することは，$f(\xi(y)), J(y)$ は B_R 上有界であることと，(3) より，

$$|x-\xi(y)| \geqq |\boldsymbol{x}_1-y|-|\boldsymbol{x}_2-\eta(y)| \geqq (1-h)|\boldsymbol{x}_1-y|$$

であるから

$$(5.74)\qquad |K(x-\xi(y))| \leqq \begin{cases} M|y-\boldsymbol{x}_1|^{2-n} & (n>2), \\ M|\log(y-\boldsymbol{x}_1)| & (n=2) \end{cases}$$

となることよりわかる．積分 (5.73) は次の性質をもつ．

補題 5.6 $x\in B_{h,R}$，$f\in C^0(B_{h,R})$ とする．

(i) $S(x), S^*(x)$ が共に，(5.71) の性質をもつ曲面とする．このとき，$K(x-\xi)f(\xi)$ の $S(x)$ 上での積分の値と $S^*(x)$ 上での積分の値は一致する．

(ii) (5.73) の積分を $F(x)$ とおく：

$$(5.75)\qquad F(x) = \int_{S(x)} K(x-\xi)f(\xi)d\xi.$$

このとき，$F(x)$ は $B_{h,R}$ で解析的である．さらに，

$$(5.75)'\qquad \frac{\partial}{\partial x_j}F(x) = \int_{S(x)} \frac{\partial}{\partial x_j}K(x-\xi)f(\xi)d\xi \qquad (j=1, \cdots, n)$$

が成り立つ．

証明 まず，$S(x), S^*(x)$ を定める関数 η, η^* が C^∞ であると仮定する．このとき，$0\leqq t\leqq 1$ に対して

$$\xi(y, t) = y+i[(1-t)\eta(y)+t\eta^*(y)]$$

とおくと，これは(5.71)の(1)-(4)を満たす．$\rho>0$に対し，

$$\varphi(t,\rho)=\int_{B_R\setminus B(x_1,\rho)}K(x-\xi(y,t))f(\xi(y,t))J(y,t)dy$$

とおく．(ここで，$J(y,t)=\partial(\xi_1(y,t),\cdots,\xi_n(y,t))/\partial(y_1,\cdots,y_n)$.) これを$t$で微分すれば，($g(\xi,x)=K(x-\xi)f(\xi)$とおくと)

$$\varphi_t(t,\rho)=\int_{B_R\setminus B(x_0,\rho)}\left\{\sum_{j=1}^{n}\frac{\partial}{\partial\xi_j}g(\xi,x)\frac{\partial\xi_j}{\partial t}\cdot J+g(\xi,x)J_t\right\}dy$$

$$=\int_{B_R\setminus B(x_0,\rho)}\sum_{j=1}^{n}\frac{\partial(\xi_1,\cdots,\xi_{j-1},(g\partial\xi_j/\partial t),\xi_{j+1},\cdots,\xi_n)}{\partial(y_1,\cdots,y_n)}dy.$$

実際，第2の等式は，$\partial(\xi_1,\cdots,\xi_{j-1},(g\partial\xi_j/\partial t),\xi_{j+1},\cdots,\xi_n)/\partial(y_1,\cdots,y_n)$を$j$列目で展開し，関係式:

$$\frac{\partial(g\partial\xi_i/\partial t)}{\partial y_j}=\sum_{k=1}^{n}\frac{\partial\xi_i}{\partial t}\frac{\partial g}{\partial\xi_k}\frac{\partial\xi_k}{\partial y_j}+g\frac{\partial^2\xi_i}{\partial y_j\partial t}$$

を用いれば，導かれる．補題5.4より，

(5.76)　$\varphi_t(t,\rho)$

$$=-\sum_{j,k=1}^{n}(-1)^{j+k}\left\{\int_{\partial B(x_1,\rho)}g\frac{\partial\xi_j}{\partial t}\cdot\frac{\partial(\xi_1,\cdots,\xi_{j-1},\xi_{j+1},\cdots,\xi_k,\xi_{k+1},\cdots,\xi_n)}{\partial(y_1,\cdots,y_{j-1},y_j,\cdots,y_{k-1},y_{k+1},\cdots,y_n)}dS_k(y)\right\}.$$

故に，上式で$\rho\to 0$とすれば，(5.74)より，$\varphi(t,\rho)\to\varphi(t,0)$，$\varphi_t(t,\rho)\to 0=\varphi_t(t,0)$ (tについて一様)が成立．故に，$\varphi(t,0)$はtにつき微分可能であって，$\varphi_t(t,0)=0$. よって，$\varphi(1,0)=\varphi(0,0)$．これを積分の形で表わすと，

(5.77)
$$\int_{B_R}K(x-\xi^*(y))f(\xi^*(y))J^*(y)dy$$
$$=\int_{B_R}K(x-\xi(y))f(\xi(y))J(y)dy$$

となる．($J^*(y)=\partial(\xi_1{}^*,\cdots,\xi_n{}^*)/\partial(y_1,\cdots,y_n)$.) これは，補題5.6の(i)の主張が$C^\infty$の$\xi,\xi^*$に対して成立することを示している．一般の$\xi,\xi^*$の場合，$f\in\boldsymbol{H}^\theta(B_{h,R+\varepsilon})$ (ε: 十分小さい正数)とする．次に，ξ,ξ^*をB_Rの外では0とおくことによって，$B_{R+\varepsilon}$にまで拡張する．これはやはり$B_{R+\varepsilon}$において(5.71)を満たす．$\int\psi(y)dy=1$なる$\psi\in C_0^\infty(\boldsymbol{R}^n)$に対して，$\psi_k(y)=k^n\psi(ky)$とおき，$\xi_k(y)=\psi_k*\xi(y)$，$\xi_k{}^*(y)=\psi_k*\xi^*(y)$と定める．(ただし$f*g(y)=\int f(y-y')g(y')dy'$

と定義した.）十分大きい k に対し，ξ_k, ξ_k^* は (5.71) を満たすことが容易にわかる．したがって，ξ^* を ξ_k^* に，ξ を ξ_k に，B_R を $B_{R+\varepsilon}$ にした関係式 (5.77) が前段より成立する．そこで $k\to\infty$ とすれば，B_R を $B_{R+\varepsilon}$ にした (5.77) が ξ, ξ^* に対しても成立することがわかる．しかるに，ξ, ξ^* は B_R の外では 0 とおいたから，(5.77) は B_R に対しても成立する．$\boldsymbol{H}^\theta(B_{h,R+\varepsilon})$ は $\boldsymbol{H}^\theta(B_{h,R})$ の中で稠密であることから，(5.77) が $f\in\boldsymbol{H}^\theta(B_{h,R})$ に対して成立する．これは (i) を示している．

次に (ii) の証明に移る．解析性を示すためには，Cauchy-Riemann の方程式を確かめればよい．(5.72) によって定められた関数 $\xi(y)$ は x にもよるから $\xi(y\,;x)$ とおこう．$x_0=\boldsymbol{x}_{01}+i\boldsymbol{x}_{02}\in B_{h,R}$ を固定する．このとき，$\boldsymbol{x}_{01}$ に近い y，x_0 に近い x に対し $\xi(y\,;x)$ は C^∞ となる．この ξ を用いて，

$$F_\rho(x)=\int_{B_R\setminus B(\boldsymbol{x}_1,\rho)}K(x-\xi(y\,;x))f(\xi(y\,;x))\frac{\partial(\xi_1,\cdots,\xi_n)}{\partial(y_1,\cdots,y_n)}dy$$
$$(f\in\boldsymbol{H}^\theta(B_{h,R}))$$

と定める．十分小さい ρ に対し，$F_\rho(x)$ は (x_0 に十分近い) x について連続微分可能となり，$\boldsymbol{x}_1=(x_{1,1},\cdots,x_{1,n})$，$\boldsymbol{x}_2=(x_{2,1},\cdots,x_{2,n})$，$g(\xi\,;x)=K(x-\xi)f(\xi)$，$J(y\,;x)=\partial(\xi_1,\cdots,\xi_n)/\partial(y_1,\cdots,y_n)$ とおくと，

$$\begin{aligned}\frac{\partial F_\rho(x)}{\partial x_{1,j}}=&\int_{B_R\setminus B(\boldsymbol{x}_1,\rho)}\left\{\frac{\partial}{\partial z_{1,j}}K(z)\Big|_{z=x-\xi(y;x)}f(\xi(y\,;x))J(y\,;x)\right.\\&\left.+\sum_{k=1}^n\frac{\partial g(\xi\,;x)}{\partial\xi_k}\frac{\partial\xi_k}{\partial x_{1,j}}J(y\,;x)+g(\xi\,;x)\frac{\partial J(y\,;x)}{\partial x_{1,j}}\right\}dy\\&-\int_{\partial B(\boldsymbol{x}_1,\rho)}g\cdot JdS_j(y).\end{aligned}$$

(5.75) および (5.76) と同様にして，

$$\begin{aligned}(5.78)\qquad\frac{\partial F_\rho(x)}{\partial x_{1,j}}=&\int_{B_R\setminus B(\boldsymbol{x}_1,\rho)}\frac{\partial}{\partial z_{1,j}}K(z)\Big|_{z=x-\xi(y;x)}f(\xi(y\,;x))J(y\,;x)dy\\&-\int_{\partial B(\boldsymbol{x}_1,\rho)}\sum_{k,l=1}^n(-1)^{k+l}g\frac{\partial\xi^k}{\partial x_{1,j}}J_{j,l}'dS_k(y)\\&-\int_{\partial B(\boldsymbol{x}_1,\rho)}g\cdot JdS_j(y).\end{aligned}$$

ここで，$J_{j,l}'(y\,;x)=\partial(\xi_1,\cdots,\xi_{j-1},\xi_{j+1},\cdots,\xi_l,\xi_{l+1},\cdots,\xi_n)/\partial(y_1,\cdots,y_{j-1},y_j,\cdots,$

$y_{l-1}, y_{l+1}, \cdots, y_n)$ とおいた．同様にして，

$$(5.79)\qquad \frac{\partial F_\rho(x)}{\partial x_{2,j}} = \int_{B_R \setminus B(\boldsymbol{x}_1,\rho)} \frac{\partial}{\partial z_{2,j}} K(z)\Big|_{z=x-\xi(y;x)} f(\xi(y;x))J(y;x)dy$$
$$-\int_{\partial B(\boldsymbol{x}_1,\rho)} \sum_{k,l=1}^{n} (-1)^{k+l} g \frac{\partial \xi_k}{\partial y} J_{j,l}' dS_k(y).$$

$\rho \to 0$ とすれば，x について広義一様 (x_0 の近傍で) に，F_ρ は F に，また (5.78) と (5.79) における $\partial B(\boldsymbol{x}_1, \rho)$ 上の積分の項は 0 に収束する．他方，(5.74) と同様にして得られる不等式：

$$\left|\frac{\partial}{\partial x_j} K(x-\xi(y))\right| \leqq M|y-\boldsymbol{x}_1|^{1-n}$$

を利用すれば，(5.78) の右辺の第1項は，

$$(5.80)\qquad \int_{B_R} \frac{\partial}{\partial z_{1,j}} K(z)\Big|_{z=x-\xi(y;x)} f(\xi(y;x))J(y;x)dy$$

に，また (5.79) の右辺第1項は，

$$\int_{B_R} \frac{\partial}{\partial z_{2,j}} K(z)\Big|_{z=x-\xi(y;x)} f(\xi(y;x))J(y;x)dy$$

に，広義一様に収束する．故に，F は1回連続微分可能である．他方 $K(z)$ は z について解析的であるから，$\partial K(z)/\partial z_{1,j} = i\partial K(z)/\partial z_{2,j}$ を満たす．故に，$\partial F(x)/\partial x_{1,j} = i\partial F(x)/\partial x_{2,j}$ $(j=1, \cdots, n)$．すなわち，$F(x)$ は $B_{h,R}$ で解析的である．次に $\partial F(x)/\partial x_j = \partial F(x)/\partial x_{1,j}$ であり，これは (5.80) と一致する．故に $\partial K(z)/\partial z_{1,j} = \partial K(z)/\partial z_j$ (K の解析性より) から，(ii) が導かれる．∎

補題 5.7　$x_0 \in B_{h,R}$ に対し，$S_1(x_0)$ を (5.72) によって定められた曲面とする．このとき，$V(x)$ を，

$$V(x) = \int_{S_1(x_0)} K(x-\xi) d\xi$$

と定めると，x_0 に十分近い x に対し

$$(5.81)\qquad V(x) = -\frac{1}{n}\sum_{j=1}^{n} x_{0,j} x_j + 定数 \qquad (x_0 = (x_{0,1}, \cdots, x_{0,n}))$$

が成り立つ．

証明　$r = r(x_0)/2$ とおく．$x_0 = \boldsymbol{x}_{01} + i\boldsymbol{x}_{02}$ とする．$S_1(x_0)$ を定める $\eta(y)$ は $|y-\boldsymbol{x}_{01}| > r$ に対し定義される．この η を，$|y-\boldsymbol{x}_{01}| \leqq r$ まで連続的に拡張する．た

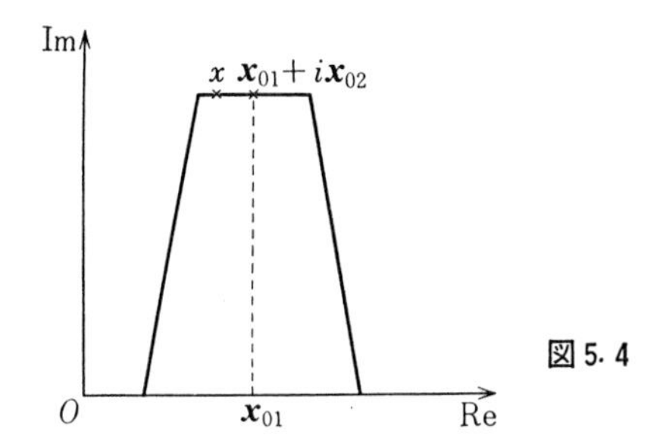

図 5.4

だし，x_0 に十分近い x に対し，

$$S(x):\ \xi=y+i\eta(y)$$

が条件(5.71)を満たすようにする．(勿論，η は x に依存する．) そのような η が存在することは，(5.72)で，$B_{h,R}$ に対し定義したと同様にして，$B_{h,r(x_0)/2}$ と点 $x-x_0$ に対し η を定める．それを η^* とおこう．求める η として，$|y-\boldsymbol{x}_{01}|\leqq \boldsymbol{r}$ において，$\eta(y)=\boldsymbol{x}_{02}+\eta^*(y-x_0)$ とすればよい．この η^* に対する曲面を $S_2{}^*(x)$：$\xi=y+i\eta^*(y)$ $(|y|<r)$ とする．このとき，

$$\int_{S(x)}K(x-\xi)d\xi=V(x)+\int_{S_2{}^*(x)}K(x-\xi-x_0-i\boldsymbol{x}_{02})d\xi \tag{5.82}$$

となる．この左辺は，補題5.5によって，$B_{h,R}$ で解析的である．特に，x が実空間 $\boldsymbol{R}^n$ の点のとき，(5.82)の左辺の積分の値は $S(x)$ によらないから，変形して，$\xi(y)=y$ $(y\in B_R)$，すなわち，$S(x)=B_R$ とできる．初等的な積分の計算により，

$$\int_{B_R}K(x-y)dy=\frac{1}{2n}|x|^2+\text{定数}.$$

この右辺は整関数であるから，結局，上式の左辺は，$B_{h,R}$ 全体で $|x|^2/2n+$定数 となる．

同様にして，(5.82)の右辺第2項も x につき x_0 の近傍で解析的となり，その値は $|x-x_0|^2/2n+$定数 となる．よって，$V(x)$ も x_0 の近傍で解析的で，

$$V(x)=\frac{1}{2n}|x|^2-\frac{1}{2n}|x-x_0|^2+\text{定数}$$
$$=\frac{1}{n}\sum_{j=1}^{n}x_{0,j}x_j+\text{定数}$$

となる．▌

補題 5.8　$f \in \boldsymbol{H}^\theta(B_{h,R})$ とする．このとき，

$$\left|\frac{\partial}{\partial x_j}f(x)\right| \leqq M\|f\|_{\theta,R,h}\delta(x)^{\theta-1}, \tag{5.83}$$

$$\left|\frac{\partial^2}{\partial x_j \partial x_k}f(x)\right| \leqq M\|f\|_{\theta,R,h}\delta(x)^{\theta-2} \qquad (j, k=1, \cdots, n) \tag{5.84}$$

が成立する．ここで，M は x, f によらぬ正定数，$\delta(x)$ は x から $\partial B_{h,R}$ までの距離である．

証明　多重円板 $\{\zeta=(\zeta_1, \cdots, \zeta_n) \mid |\zeta_j - x_j| \leqq \delta(x)/n \ (j=1, \cdots, n)\}$ は $B_{h,R}$ に含まれるから，Cauchy の積分公式より，

$$f(x) = \left(\frac{1}{2\pi i}\right)^n \int_{\gamma_1} \cdots \int_{\gamma_n} \frac{f(\zeta)}{(\zeta_1 - x_1)\cdots(\zeta_n - x_n)} d\zeta_1 \cdots d\zeta_n,$$

$$\sum_j \bar{\xi}_j \frac{\partial}{\partial x_j} f(x) = \left(\frac{1}{2\pi i}\right)^n \int_{\gamma_1} \cdots \int_{\gamma_n} \sum_{j=1}^n \frac{\bar{\xi}_j}{\zeta_j - x_j} \frac{f(\zeta)-f(x)}{(\zeta_1 - x_1)\cdots(\zeta_n - x_n)} d\zeta_1 \cdots d\zeta_n$$

となる．ここで，γ_j: $|\zeta_j - x_j| = \delta(x)/n$, $\xi_j = \partial f(x)/\partial x_j$ である．故に，Schwarz の不等式より，

$$\left|\sum_{j=1}^n \bar{\xi}_j (\zeta_j - x_j)^{-1}\right| \leqq |\nabla f(x)| n^{3/2} \delta(x)^{-1}$$

となるから，上式より，

$$|\nabla f(x)|^2 \leqq |\nabla f(x)| n^{3/2-\theta} \delta(x)^{-1+\theta} \|f\|_{\theta,R,h}$$

を得る．これより，直ちに (5.83) が導かれる．(5.84) も同様にして示される．▌

c）命題 5.3 の証明

$f \in \boldsymbol{H}^\theta(B_{h,R})$ とする．実空間 $\boldsymbol{R}^n$ の領域 B_R の点 x に対しては，(5.75) によって定義された $F(x)$ は，(5.12) によって定義された $w(x)$ と一致し，また，$F(x)$ は $B_{h,R}$ で解析的であるから，w も $B_{h,R}$ で解析的となる．$x \in B_R$ に対して，w は，

$$\triangle w(x) = f(x) \qquad (x \in B_R)$$

を満たすが，w も f も $B_{h,R}$ で解析的であることから，一致の定理によって，上式は $B_{h,R}$ でも成り立つ．よって，命題 5.3 の証明のためには，F に対して評価 (5.13) を示せば十分である．$x_0 \in B_{h,R}$ をとる．$x_0 = \boldsymbol{x}_{01} + i\boldsymbol{x}_{02}$ とおき，x_0 に十分近い $x = \boldsymbol{x}_1 + i\boldsymbol{x}_{02}$ に対し $S(x)$ を (5.71) によって構成した $S(x_0)$ ととる．このとき，$S(x)$ は条件 (5.71) を満たすことがわかる．よって，$\boldsymbol{r}(x_0)$ を x_0 から

$\{\xi=\boldsymbol{\xi}_1+i\boldsymbol{x}_{02}\,|\,\xi\in\partial B_{h,R}\}$ までの距離とすれば，$F(x)$ は，$r=r(x_0)/2$ とおくと，

$$F(x)=\int_{S_1(x_0)}K(x-\xi)f(\xi)d\xi+\int_{B(\boldsymbol{x}_{01},r)}K(\boldsymbol{x}_1-y)f(y+i\boldsymbol{x}_{02})dy$$
$$(\equiv F_1(x)+F_2(x))$$

と書き表わされる．次に $D^\alpha F(x_0)$ $(|\alpha|=3)$ を評価するのであるが，十分 x_0 に近い x に対し $F(x)$ は解析的となるから，<u>D^α の微分は x の実部 $\boldsymbol{x}_1$ に関する微分をとればよい</u>．こうすれば，x の実部には積分領域が依存しないから計算しやすい．すなわち，$|\alpha|=3$ に対し，

$$D^\alpha F_1(x)=\int_{S_1(x_0)}D^\alpha K(x-\xi)[f(\xi)-f(x_0)]d\xi$$
$$+D^\alpha\int_{S_1(x_0)}K(x-\xi)d\xi\cdot f(x_0)$$

となるが，右辺第2項は，補題5.7より0．上式で $x=x_0$ とおき，(5.69) と同様にして評価すれば，

$$|D^\alpha F_1(x_0)|\leqq M\|f\|_{\theta,R,h}\int_{B_R\setminus B(\boldsymbol{x}_{01},r)}|y-\boldsymbol{x}_{01}|^{\theta-1-n}dy$$

となるが，上式の右辺にあらわれている積分は，初等的計算により，

$$\int_{B_R\setminus B(\boldsymbol{x}_{01},r)}|y-\boldsymbol{x}_{01}|^{\theta-1-n}dy\leqq|\omega_{n-1}|\int_r^\infty\rho^{\theta-2}d\rho$$
$$\leqq(1-\theta)^{-1}|\omega_{n-1}|r^{\theta-1}$$
$$\leqq M\delta(x_0)^{\theta-1}\qquad((5.64)\text{ より．}M\text{: 正定数})$$

となる．故に，

$$(5.85)\qquad |D^\alpha F_1(x_0)|\leqq M\delta(x_0)^{\theta-1}\|f\|_{\theta,R,h}\qquad(|\alpha|=3)$$

(M は x_0, f によらぬ定数)．次に，F_2 の評価に移る．$\boldsymbol{x}_1=(x_{1,1},\cdots,x_{1,n})$ とすると，部分積分により，

$$\frac{\partial}{\partial x_{1,j}}F_2(x)=\int_{B(\boldsymbol{x}_{01},r)}-\frac{\partial}{\partial y_j}K(\boldsymbol{x}_1-y)f(y+i\boldsymbol{x}_{02})dy$$
$$=-\int_{\partial B(\boldsymbol{x}_{01},r)}K(\boldsymbol{x}_1-y)f(y+i\boldsymbol{x}_{02})dS_j(y)$$
$$+\int_{B(\boldsymbol{x}_{01},r)}K(\boldsymbol{x}_1-y)\frac{\partial}{\partial y_j}f(y+i\boldsymbol{x}_{02})dy$$
$$(\equiv I_1(x)+I_2(x)).$$

補題5.2より，$|\beta|=2$ に対し，

$$D^\beta I_1(x)=-\int_{\partial B(\boldsymbol{x}_{01},r)}D^\beta K(\boldsymbol{x}_1-y)[f(y+i\boldsymbol{x}_{02})-f(x_0)]dS_j(y)$$

$$=-\int_{\partial B_r}D^\beta K(\boldsymbol{x}_1-\boldsymbol{x}_{01}-y)[f(y+x_0)-f(x_0)]dS_j(y)$$

(変数変換).

ここで，$x=x_0$ とおいて評価をすれば，

$$|D^\beta I_1(x_0)|\leqq\int_{\partial B_r}|D^\beta K(y)||y|^\theta dS_j(y)\cdot\|f\|_{\theta,R,h}$$

$$\leqq Mr^{\theta-1}\|f\|_{\theta,R,h}$$

$$\leqq M\delta(x_0)^{\theta-1}\|f\|_{\theta,R,h}\qquad\text{((5.64) より)}.$$

他方，変数変換によって，

$$I_2(x_0)=\int_{B_r}K(y)\frac{\partial}{\partial y_j}f(y+x_0)dy$$

となるから，ポテンシャル論のよく知られた定理によって，

$$\frac{\partial^2}{\partial x_k\partial x_l}I_2(x_0)\tag{5.86}$$

$$=c_{kl}\frac{\partial f(x_0)}{\partial x_j}+\int_{B_r}\frac{\partial^2}{\partial y_k\partial y_l}K(y)\left[\frac{\partial}{\partial y_j}f(y+x_0)-\frac{\partial}{\partial x_j}f(x_0)\right]dy$$

(c_{kl}：定数).

平均値の定理と (5.84) より，右辺の被積分関数は，

$$|\text{右辺の被積分関数}|\leqq M|y|^{-n+1}\max_{\substack{y\in B_r\\|\alpha|=2}}|D_y{}^\alpha f(y+x_0)|$$

$$\leqq M|y|^{-n+1}\max_{y\in B_r}\delta(y+x_0)^{\theta-2}\|f\|_{\theta,R,h}.$$

他方，$\xi=\boldsymbol{\xi}_1+i\boldsymbol{x}_{02}\in\partial B_{h,R}$ を x_0+y からの距離が $r(x_0+y)$ である点とすれば，

$$r(x_0+y)=|x_0+y-\xi|\geqq|x_0-\xi|-|y|\geqq r(x_0)-r=\frac{1}{2}r(x_0)$$

となる．故に (5.64) より，$\delta(x_0+y)\geqq\delta(x_0)/2$ $(y\in B_r)$ となる．故に (5.86) の右辺の被積分関数は，

$$\leqq M|y|^{-n+1}\delta(x_0)^{\theta-2}\|f\|_{\theta,R,h}$$

で評価される．(5.15) を用いれば (5.86) の右辺の第1項も同様に評価され，結

局

$$\left|\frac{\partial^2}{\partial x_k \partial x_l} I_2(x)\right| \leqq Mr\delta(x_0)^{\theta-2}\|f\|_{\theta,R,h}$$
$$\leqq M\delta(x_0)^{\theta-1}\|f\|_{\theta,R,h} \qquad ((5.64) より)$$

となる．故に，$|\alpha|=3$ に対して，

$$|D^\alpha F_2(x)| \leqq M\delta(x)^{\theta-1}\|f\|_{\theta,R,h} \tag{5.87}$$

(M は x, f によらぬ定数)．(5.85) と (5.87) より，

$$|D^\alpha F(x)| \leqq M\delta(x)^{\theta-1}\|f\|_{\theta,R,h} \qquad (|\alpha|=3)$$

となる．故に，$x_1, x_2 \in B_{h,R}$ に対し，補題 5.5 で構成した $x(s)$ を用いれば，(5.70) と同様にして求める評価式 (5.13) を得る．かくして，命題 5.3 の証明は終った．▌

問　題

1　定理 5.1 の証明は，常微分方程式の場合どうなるか．

2　定理 5.1 の証明中，F は実数値関数と仮定したが，複素数値関数の場合，どう議論を変更したらよいか．

3　一般の高階楕円型方程式系の場合に証明を拡張せよ．

付　録

§A.1 (線型)関数解析の基礎的事柄[1]

実数(または複素数)上の線型空間 X の各元 x に対応して，実数 $\|x\|$ を，

(i) $\|x\| \geqq 0$, かつ $\|x\|=0$ と $x=0$ とは同等；

(ii) 実数(または複素数)λ に対して，$\|\lambda x\|=|\lambda|\|x\|$;

(iii) $\|x+y\| \leqq \|x\|+\|y\|$

の三つの条件が満足されるように対応させたとき，$\|x\|$ を x の**ノルム**といい，X を**ノルム空間**とよぶ．ノルム空間 X は，距離 $\rho(x, y)=\|x-y\|$ によって距離空間となり，$\lim_{n\to\infty}\|x_n-x\|=0$ を $x_n \to x$ と書くことによって，X に収束の概念が導入される．任意の Cauchy 列 $\{x_n\}$ に対して，$x_n \to x$ となる x が X に存在するとき，X を完備な空間という．完備な距離空間 X を **Banach 空間**という．Banach 空間 X の各元 x, y に対して，

(i) $(x_1+x_2, y) = (x_1, y)+(x_2, y)$;

(ii) $(\lambda x, y) = \lambda(x, y)$;

(iii) $(x, y) = \overline{(y, x)}$;

(iv) $\|x\|^2 = (x, x)$

を満たす複素数(x, y)を対応できるとき，X を **Hilbert 空間**という．このとき，**Schwarz の不等式**: $|(x, y)| \leqq \|x\|\|y\|$ が成立する．

さて，Banach 空間 X の線型部分空間 $D(T)$ を定義域とし，別の Banach 空間 Y に値をとる写像 T が，$T(\lambda x+\mu y)=\lambda Tx+\mu Ty$ (λ, μ: 実数または複素数)，を満足するとき，T を**線型作用素**という．特に，T の値域 $R(T)=\{Tx \in Y | x \in D(T)\}$ の集合が実数(または複素数)のとき，T を**線型汎関数**という．T を Banach 空間 X から Banach 空間 Y への線型作用素とする．$x_n \to x$ $(x_n \in D(T))$ かつ $Tx_n \to y$ ならば $x \in D(T)$ かつ $y=Tx$ のとき T を**閉作用素**という．$x_n \to x$ のとき，$Tx_n \to Tx$ ならば，T を**連続作用素**という．$\|x\| \leqq 1$ なら $\|Tx\|$ は有界

1) 詳しくは本講座"関数解析"を参照.

のとき，T を**有界作用素**という．$D(T)=X$ のとき，T が連続作用素であることと有界作用素であることとは同等である．以下，$D(T)=X$ とする．$\|T\|=\sup\|Tx\|$ $(\|x\|\leqq 1)$ を T のノルムという．有界作用素の全体は上のノルムで Banach 空間となる．

定理 A.1 (Hahn-Banach の定理) Banach 空間 X の閉部分空間 M と $x_0 \notin M$ に対し，$f_0(x_0)>1$, $\|f_0\|\leqq d^{-1}$ かつ $x\in M$ に対して，つねに，$f_0(x)=0$ となるような連続線型汎関数 f_0 が存在する．ここで，$d=\sup\|x_0-m\|$ $(m\in M)$. ——

定理 A.2 (閉グラフ定理) T を Banach 空間 X から Banach 空間 Y への線型閉作用素とする．T が Y の上への1対1写像とすれば，T^{-1} は Y から X への連続作用素である．——

特に，X が Hilbert 空間の場合を考える．

定理 A.3 (Riesz の表現定理) f を Hilbert 空間 X 上の連続線型汎関数とする．このとき，$f(x)=(x, y)$ がすべての $x\in X$ に対して成り立つような $y\in X$ が一意的に存在する．さらに，$\|f\|=\|y\|$ となる．——

Hilbert 空間 X の閉部分空間 M に対して，$(Px, y)=(x, Py)$ $(x, y\in X)$ および $Pm=m$ $(m\in M)$ となる X から M の上への線型有界作用素 P が存在する．これを M の上への (直交) **射影**という．

§A.2 関数空間の基礎的事柄

定理 A.4[1] (Ascoli-Arzelà) K を $\boldsymbol{R}^n$ の有界閉集合とする．集合 V が $C(K)$ の中で有界かつ K 上同程度連続な関数からなっているとすれば，V の中から $C(K)$ のある元に収束する関数列を選びだすことができる．——

定理 A.5[2] (Rellich) Ω を $\boldsymbol{R}^n$ の有界開集合とする．$f_j\in H_0^1(\Omega)$ を有界列，すなわち，$\|f_j\|_1\leqq M<\infty$ $(j=1, 2, \cdots)$ とすれば，この中から適当な部分列 $\{f_{j'}\}$ を選びだして $L^2(\Omega)$ での Cauchy 列をなすようにできる．——

定理 A.6[3] (Sobolev の埋蔵定理の特別な場合) Ω は互いに交わらない有限個の C^2 級の超閉曲面 S_j を境界にもつ3次元有界領域とする．そのとき，$f\in$

1) 例えば，ウラジミロフ：応用偏微分方程式，総合図書，p. 197.
2) 溝畑茂：偏微分方程式論，岩波書店，p. 139.
3) 溝畑茂：偏微分方程式論，岩波書店，p. 172.

$H^2(\Omega)$ ならば，$f \in C(\bar{\Omega})$ となり，$\sup_x |f(x)| \leqq M\|f\|_2$ が成り立つ．ここで，$\|f\|_2$ は f の $H^2(\Omega)$ におけるノルムを表わし，M は f によらぬ定数である．——

定理 A.7[1] **(Poincaré の不等式)** Ω を有界領域とし，$d=(\Omega$ の直径$)$，すなわち，$d=\sup|x-y|$ $(x, y \in \Omega)$ とする．そのとき，任意の $u \in H_0{}^1(\Omega)$ に対して，

$$\|u\|_{L^2} \leqq \frac{d}{\sqrt{2}} \left\| \frac{\partial u}{\partial x_j} \right\|_{L^2} \qquad (j=1, 2, \cdots, n)$$

が成り立つ．ここで，$\|u\|_{L^2}$ は u の $L^2(\Omega)$ ノルムを表わす．——

定理 A.8[2] **(Sobolev の不等式)** Ω を3次元有界領域とする．$u \in H_0{}^1(\Omega)$ であれば，$u \in L^6(\Omega)$ となり，不等式：

$$\|u\|_{L^6} \leqq M\|u\|_1 \qquad (M\text{：正定数})$$

が成り立つ．ここで，$\|u\|_{L^6}$ は u の $L^6(\Omega)$ ノルム，$\|u\|_1$ は $H_0{}^1(\Omega)$ におけるノルムを表わす．——

§A.3 線型楕円型方程式の基礎的事柄

a) 最大値の原理

定理 A.9[3] **(最大値の原理)** u を，領域 Ω において微分不等式

$$\sum_{j,k=1}^{n} a_{jk}(x) \frac{\partial^2 u}{\partial x_j \partial x_k} + \sum_{j=1}^{n} a_j(x) \frac{\partial u}{\partial x_j} \geqq 0$$

を満たす2回連続微分可能な関数とする．係数 $a_{jk}(x), a_j(x)$ は $\bar{\Omega}$ 上での連続関数であって，$\sum_{j,k=1}^{n} a_{jk}(x)\xi_j\xi_k \geqq \delta|\xi|^2$ $(\xi \in \boldsymbol{R}^n,\ x \in \bar{\Omega})$ が成立すると仮定する．(δ は正定数.) このとき，もし u が Ω の内点で最大値 M をとれば，Ω 全体で，$u \equiv M$ となる．——

b) 境界値問題

滑らかな境界をもつ $\boldsymbol{R}^n$ の有界領域 Ω の中で線型楕円型方程式

$$\sum_{j,k=1}^{n} a_{jk}(x) \frac{\partial^2 u}{\partial x_j \partial x_k} = f(x) \tag{A.1}$$

を考える．係数 $a_{jk}(x)$ は，$\bar{\Omega}$ 上 θ 次の Hölder 連続，すなわち，$a_{jk}(x) \in C^\theta(\Omega)$

1) 溝畑茂：偏微分方程式論，岩波書店，p. 152.
2) 溝畑茂：偏微分方程式論，岩波書店，p. 348.
3) R. Courant, D. Hilbert: Methods of Mathematical Physics, New York, Interscience Publisher Inc. (1962), vol. 2 (斎藤利弥監訳，数理物理学の方法，東京図書).

$(0<\theta<1)$ であって楕円型条件：

$$\sum_{j,k=1}^{n} a_{jk}(x)\xi_j\xi_k \geqq \delta|\xi|^2 \qquad (\delta\text{: 正定数})$$

がすべての $x\in\bar{\Omega}$, $\xi\in \boldsymbol{R}^n$ に対して成立すると仮定する．このとき，次の定理が成り立つ．

定理 A.10[1]　$f\in C^{\theta}(\Omega)$ とする．g を Ω の境界 Γ 上で与えられた関数で，$g\in C^{2+\theta'}(\Gamma)$ $(0<\theta<\theta'<1)$ と仮定する．このとき，Ω の境界 Γ で g をとり，Ω の内部で方程式 (A.1) を満たす $u\in C^{2+\theta}(\Omega)$ が一意的に存在する．――

c) Green 関数

滑らかな境界 Γ をもつ $\boldsymbol{R}^n$ の有界領域 Ω において，境界値問題

$$\text{(A.2)} \qquad \begin{cases} \triangle u = f(x) & (x\in\Omega), \\ \quad u = g(x) & (x\in\Gamma) \end{cases}$$

を考える．$G(x, y)$ を上の境界値問題に対する Green 関数とすると，次の定理が成立する．

定理 A.11[2]　$g\in C^3(\Gamma)$ と仮定する．

(i)　$\displaystyle\int_{\Omega}|G(x,y)|dy$ も $\displaystyle\int_{\Omega}\left|\frac{\partial}{\partial x_j}G(x,y)\right|dy$ も x につき $\bar{\Omega}$ 上有界となる．

(ii)　$f\in C(\bar{\Omega})$ と仮定する．u を

$$\text{(A.3)} \qquad u(x) = \int_{\Omega}G(x,y)f(y)dy - \int_{\Omega}\frac{\partial}{\partial n_y}G(x,y)g(y)dy$$

$(\partial/\partial n_y$ は Γ の外向き法線方向の微分) と定めると，$u\in C^1(\bar{\Omega})\cap C(\bar{\Omega})$ である．

(iii)　もし $f\in C^{\theta}(\Omega)$ $(0<\theta<1)$ ならば，(A.3) で定めた u は，$u\in C^{2+\theta}(\Omega)$ であって，(A.2) の解となる．

§A.4　命題 2.3 における 3 点条件の証明

相異なる 3 点 (x_j, y_j, z_j) $(j=1,2,3)$ を通る平面 $z=\alpha x+\beta y+\gamma$ を考える．このとき

---

1)　A. Friedman: Partial Differential Equations, New York, Holt, Rinehart and Winston, Inc. (1969).

2)　溝畑茂：偏微分方程式論，岩波書店，p. 374，およびウラジミロフ：応用偏微分方程式，総合図書，p. 246-277 を参照．

$$(A.4)\qquad |\alpha|+|\beta| \leqq M$$

を示そう．ここで，Mは境界値ϕと領域にのみ依存する定数である．仮定より，

$$(A.5)\qquad |\phi(s)|+|\phi'(s)|+|\phi''(s)| \leqq \mu \qquad (s\text{: 任意})$$

(μは正定数)となる．境界曲線は正の曲率をもつという仮定より，

$$\det\begin{bmatrix} x'(s) & y'(s) \\ x''(s) & y''(s) \end{bmatrix} \geqq \omega \qquad (s\text{: 任意})$$

(ωは正定数)となる．これより，

$$(A.6)\qquad \det\begin{bmatrix} x'(s') & y'(s') \\ x''(s'') & y''(s'') \end{bmatrix} \geqq \frac{1}{2}\omega \qquad (|s'-s''|\leqq\rho_0)$$

(ρ_0は正定数)となる．さて(A.4)を帰謬法によって証明しよう．$|\alpha^n|+|\beta^n|\to\infty$ ($n\to\infty$)となる平面が存在したと仮定する．これに対応する平面の通る3点を$(x_j{}^n, y_j{}^n, z_j{}^n)$ $(j=1,2,3)$とし，これらの点に対するパラメータを$s_1{}^n, s_2{}^n, s_3{}^n$としよう$(s_1{}^n<s_2{}^n<s_3{}^n)$.

(a)　$|s_1{}^n-s_2{}^n|\leqq\rho_0/3$,　$|s_2{}^n-s_3{}^n|\leqq2\rho_0/3$の場合を考える．

簡単のため添字nをしばらく省略しよう．平面が3点を通るという条件より，

$$(A.7)\qquad \alpha=\det\begin{bmatrix} 1 & y_1 & z_1 \\ 1 & y_2 & z_2 \\ 1 & y_3 & z_3 \end{bmatrix}\Big/\det\begin{bmatrix} 1 & x_1 & y_1 \\ 1 & x_2 & y_2 \\ 1 & x_3 & y_3 \end{bmatrix}$$

$$=\det\begin{bmatrix} y_2-y_1 & z_2-z_1 \\ y_3-y_2 & z_3-z_2 \end{bmatrix}\Big/\det\begin{bmatrix} x_2-x_1 & y_2-y_1 \\ x_3-x_2 & y_3-y_2 \end{bmatrix}.$$

$\bar{t}=s_1+t(s_2-s_1)$,　$\bar{t}'=s_2+t'(s_3-s_2)$とおくと，

$$\det\begin{bmatrix} x_2-x_1 & y_2-y_1 \\ x_3-x_2 & y_3-y_2 \end{bmatrix}$$

$$=\int_0^1\int_0^1 \frac{\partial^2}{\partial t\partial t'}\det\begin{bmatrix} x(\bar{t}) & y(\bar{t}) \\ x(\bar{t}') & y(\bar{t}') \end{bmatrix}dtdt'$$

$$=\int_0^1\int_0^1 (s_2-s_1)(s_3-s_2)\det\begin{bmatrix} x'(\bar{t}) & y'(\bar{t}) \\ x'(\bar{t}') & y'(\bar{t}') \end{bmatrix}dtdt'$$

$$=\int_0^1\int_0^1 (s_2-s_1)(s_3-s_2)\det\begin{bmatrix} x'(\bar{t}) & y'(\bar{t}) \\ x'(\bar{t}')-x'(\bar{t}) & y'(\bar{t}')-y'(\bar{t}) \end{bmatrix}dtdt'$$

$$=\int_0^1\int_0^1 (s_2-s_1)(s_3-s_2)\det\begin{bmatrix} x'(\bar{t}) & y'(\bar{t}) \\ x''(\bar{t}^*) & y''(\bar{t}^*) \end{bmatrix}dtdt'$$

となる．ここで$\bar{t}^*$は$\bar{t}$と$\bar{t}'$の中間の，ある点である．場合(a)に対しては$|\bar{t}-\bar{t}^*|$

$\leqq \rho_0$ であるから(A. 6)より，上式の右辺の被積分関数が評価されて

$$\det\begin{bmatrix} x_2-x_1 & y_2-y_1 \\ x_3-x_2 & y_3-y_2 \end{bmatrix} \geqq \frac{1}{2}\omega(s_2-s_1)(s_3-s_2).$$

他方，平均値の定理より，

$$\det\begin{bmatrix} y_2-y_1 & z_2-z_1 \\ y_3-y_2 & z_3-z_2 \end{bmatrix} = (s_2-s_1)(s_3-s_2)\det\begin{bmatrix} y'(t_1) & z'(t_1') \\ y'(t_2) & z'(t_2') \end{bmatrix}$$

となる．ここで t_j, t_j' は s_1 と s_3 の間にある，ある点である．故に，$y'(s)$ は有界であり $z'(s)=\phi'(s)$ は μ で評価されるから，(A. 4) より

$$|\alpha| \leqq M_1\mu$$

となる．M_1 は領域にのみ依存する定数である．同様にして，$|\beta|\leqq M_1\mu$ を得る．すなわち，$|\alpha^n|+|\beta^n|$ は n によらずに有界となり，(a)を満たす n は無限には存在しないことになる．

(b) $|s_1{}^n-s_2{}^n|\geqq\rho_0/3$, $|s_1{}^n-s_3{}^n|\geqq\rho_0/3$, $|s_2{}^n-s_3{}^n|\geqq\rho_0/3$ の場合を考える．(以下 n を省略.)

この場合，(x_1-x_2, y_1-y_2) と (x_3-x_2, y_3-y_2) とは各 s につき独立であるから，

$$-\det\begin{bmatrix} x_1-x_2 & y_1-y_2 \\ x_3-x_2 & y_3-y_2 \end{bmatrix} = \det\begin{bmatrix} x_2-x_1 & y_2-y_1 \\ x_3-x_2 & y_3-y_2 \end{bmatrix}$$

は一定の s によらぬ正定数で下からおさえられている．すなわち，(A. 7)の分母の絶対値は下からおさえられている．故に，前の場合と同様にして，

$$|\alpha| \leqq M_1\mu, \qquad |\beta| \leqq M_1\mu$$

を得る．M_1 は領域のみによる正定数．故に，$|\alpha^n|+|\beta^n|\to\infty$ より，(b)を満たす n は有限個しか存在しない．

(c) $|s_1{}^n-s_2{}^n|\leqq\rho_0/3$, $|s_1{}^n-s_3{}^n|\geqq2\rho_0/3$, $|s_2{}^n-s_3{}^n|\geqq2\rho_0/3$ の場合を考える．

これを満たす n が無限に存在したと仮定する．このとき $\{s_j{}^n\}$ $(j=1,2,3)$ から収束する部分列がとりだせる．$s_j{}^n\to s_j\,(n\to\infty)$ としよう．この極限 s_1, s_2, s_3 も(c)の条件を満たしているから，$s_1=s_2\neq s_3$ か $s_1\neq s_2\neq s_3$ の場合しか存在しない．$s_1=s_2\neq s_3$ の場合は，$(x_j{}^n, y_j{}^n, z_j{}^n)$ を通る平面は，$(x(s_1), y(s_1), \phi(s_1))$ における接線と点 $(x(s_3), y(s_3), \phi(s_3))$ を通る平面に収束する．$s_1\neq s_2\neq s_3$ の場合は3点 $(x(s_j), y(s_j), \phi(s_j))$ を通る平面に近づく．いずれの場合にしても極限の平面は (x, y) 平面に直立していないのであるから，$|\alpha^n|+|\beta^n|\to\infty$ は不可能である．

(d)　$|s_1{}^n - s_2{}^n| \geqq 1$，$|s_2{}^n - s_3{}^n| \leqq 1$，$|s_1{}^n - s_3{}^n| \geqq 1$ の場合．この場合を満たす $\boldsymbol{n}$ は，(c)の場合と同様にして有限個しか存在しないことがわかる．

以上より $|\alpha^n|+|\beta^n| \to \infty$ とすれば矛盾となる．よって，(A.4)が証明された．

■岩波オンデマンドブックス■

岩波講座 基礎数学
解析学(II) vi
非線型楕円型方程式

1977年 1月27日 第1刷発行
1988年 8月3日 第3刷発行
2019年 8月9日 オンデマンド版発行

著 者 増田久弥(ますだきゅうや)

発行者 岡本 厚

発行所 株式会社 岩波書店
〒101-8002 東京都千代田区一ツ橋2-5-5
電話案内 03-5210-4000
https://www.iwanami.co.jp/

印刷/製本・法令印刷

ISBN 978-4-00-730914-4 Printed in Japan